U0369314

果树栽培技术

肖家彪　秦　娟　编著

知识产权出版社
全国百佳图书出版单位

图书在版编目（CIP）数据

果树栽培技术/肖家彪，秦娟编著. —北京：知识产权出版社，2014.12
（中职中专教材系列丛书）
ISBN 978－7－5130－2749－6

Ⅰ.①果… Ⅱ.①肖… ②秦… Ⅲ.①果树园艺—中等专业学校—教材 Ⅳ.①S66

中国版本图书馆 CIP 数据核字（2014）第 107411 号

内容提要

本书介绍了枣树、梨树和桃树的栽培技术。根据不同树种，本书分别介绍了栽培品种的特性、树种的生物学特性、建园技术、育苗技术、栽培管理措施和病虫害防治技术。针对每一品种主要介绍了果实特性和栽培特性；生物学特性主要讲述根、芽、叶、枝、花、果的特点；建园技术主要包括园址的选择、果树规划设计、果树栽植；育苗技术重点介绍砧木的培育、苗木的嫁接技术；栽培管理技术中主要介绍土肥水管理、整形修剪和花果管理技术；病虫害防治从病虫害的识别、发生规律、防治方法等方面进行介绍。

责任编辑：张　珑　徐家春　　　　　　责任出版：孙婷婷

（中职中专教材系列丛书）

果树栽培技术
GUOSHU ZAIPEI JISHU

肖家彪　秦　娟　编著

出版发行	知识产权出版社 有限责任公司	网　址：http://www.ipph.cn	
电　话：010－82004826		http://www.laichushu.com	
社　址：北京市海淀区西外太平庄 55 号		邮　编：100088	
责编电话：010－82000860 转 8574		责编邮箱：xujiachun625@163.com	
发行电话：010－82000860 转 8101/8029		发行传真：010－82000893/82003279	
印　刷：北京中献拓方科技发展有限公司		经　销：各大网上书店、新华书店及相关专业书店	
开　本：787mm×1092mm　1/16		印　张：8.75	
版　次：2014 年 12 月第 1 版		印　次：2014 年 12 月第 1 次印刷	
字　数：199 千字		定　价：22.00 元	

ISBN 978－7－5130－2749－6

出版权专有　侵权必究

如有印装质量问题，本社负责调换。

青县职业技术教育中心校本教材编委会

主　编：肖家彪　秦　娟

副主编：王少升　张玉莲　肖宝旭

　　　　宋立彦　肖家峰　刘玉新

编　者：李洪静　王凤艳　刘斌　韩梅

前　言

　　为了使职业教育进一步适应经济转型升级、支撑社会建设、服务文化传承的要求，形成职业教育整体发展的局面，为实现中华民族的伟大复兴提供人才支持，中华人民共和国教育部、人力资源和社会保障部、财政部实施了国家中等职业教育改革发展示范学校建设计划，青县职业技术教育中心作为第二批建设单位，经过两年的建设，进行了专业结构调整、培养模式优化的改革创新，形成了服务信息化发展、应用信息化办学的特色，探索了精细化管理、个性化发展的提高教育质量的机制。

　　根据国家级示范校建设要求，充分体现示范校建设取得的成果和成效，我们组织相关人员深入家峰冬枣有限公司等 28 家企业实地调研，开展了 200 份问卷调查、查找行业标准、了解企业需求等活动，并编写了本示范校建设教材，本教材是专业教师和企业一线师傅智慧的结晶，内容丰富、形式多样，反映了建设过程中最具特色的探索和实践，反映了我校服务县域经济战略、与企业无缝对接的办学实践。

　　教材的形成过程，是全校教师共同总结创建经验的过程，是学习应用现代职业教育理念升华创建价值的过程，也是为进一步适应中国经济升级、增强服务国家战略能力的再思考的过程，它不仅成为创建国家中职示范校工作总结的重要组成部分，而且成为职教人传承和发展的宝贵财富，我们愿将这一文化积淀与职教同人分享，共同谱写中国职教的美好明天。

　　在此，衷心感谢在本书的编写中给予帮助的青县农业局园艺专家宋立彦；感谢家峰冬枣有限公司总经理肖家峰、青县广旺种植专业合作社负责人刘玉新对本书提供的宝贵的建议和专业参考意见；同时也感谢本校教师为本书提供的大量实践依据。正是由于各位职教同人的共同努力，本教材才得以呈现在读者面前。

青县职业技术教育中心校本教材编委会

2014 年 6 月

目　录

第一章 枣 树

╔═══════════╗
║ 单元提示 ║
╚═══════════╝

枣树在河北省分布较广，品种较多，著名的品种有金丝小枣、赞皇大枣等。其生长结果习性较为特殊，有枣头、枣股、枣吊和永久性二次枝等枝条类型，其花芽分化具有当年分化当年开花的特性，树体花芽分化与开花坐果及营养生长同步进行。花朵坐果率较低。但枣树适应性较强，寿命较长。

本单元主要学习枣优良栽培品种、枣树的生物学特性、枣树育苗技术、枣树的栽培管理、优质冬枣的栽培管理技术、鲜食枣设施栽培技术、枣树病虫害防治、枣果实处理技术。

第一节 枣优良栽培品种

╔═══════════╗
║ 任务描述 ║
╚═══════════╝

本次任务学习枣传统优良品种和新选育优良品种的果实性状和栽培习性。其中有些适宜制干，如阜平大枣、木枣、圆玲枣、扁核酸，有些适宜鲜食，如冬枣、梨枣，有些为制干与鲜食兼用品种，如金丝小枣、赞皇大枣、灰枣等，它们的栽培习性各不相同，果农可根据介绍，结合当地土壤气候及市场情况选择栽培品种。

一、传统优良品种

1. 金丝小枣（图1-1）

金丝小枣是我国著名枣树品种，主要产区分布在河北省沧县、献县、泊头、盐山、青县、河间，以及山东乐陵、庆云、无棣等地。

金丝小枣果实较小，平均单果重5g。果形有圆形、椭圆形、长椭圆形、柱形、鸡心形等。果皮薄，呈鲜红色。果肉呈乳白色，质地致密细脆，肉甘甜微酸，风味上等。可溶性固形物含量为34%～38%，维生素C含量为560mg/100g（果肉）。可食率为96%，果核细小，制干率为53%～60%。干枣肉质细，富有弹性，含糖量为76%左右，味清甜，皮

图1-1 金丝小枣

薄，耐贮运，品质极上。产地 9 月下旬成熟，果实发育期为 100 天左右。品质优良，制干、鲜食均可，以制干为主。

小知识 可溶性固形物是指液体或流体食品中所有能溶解于水的化合物的总称，包括糖、酸、维生素、矿物质等。

测定方法：取试样的可食部分切碎、混匀（冷冻制品须预先解冻），称取 250g，准确至 0.1g，放入高速组织捣碎机捣碎，用两层擦镜纸或纱布挤出匀浆汁液测定。在 20℃用折射仪测定试样溶液的折射率，从仪器的刻度尺上直接读出可溶性固形物的含量。

2. 赞皇大枣

赞皇大枣（金丝大枣）（图 1-2）是一个品种群，即"赞皇金丝大枣品种"。经资源调查、研究和分析，赞皇金丝大枣为中国 700 多个枣品种中唯———种自然三倍体。

图 1-2 赞皇大枣

（1）生物特性。赞枣群的主要特点是树势强壮旺盛，树姿半开张，树冠高大，为自然半圆形或圆头形，骨干枝角度大。主干呈深灰色，有龟裂（呈条状，不易剥落）。当年生枝呈红褐色，多年生枝呈灰褐色，枣股多年生且有分歧和弯曲现象。每枣股有枣吊 3～5 个，枣吊长 11～30cm，平均长 16cm，每个吊平均坐果 0.3～1.2 个。果实个大，整齐，果形为长圆形、短长圆形、短长形或卵圆形，成熟后果实呈深红紫色，有光泽；果肉白绿色，过熟后金黄色，肉质细，汁液多。成熟后半干时，掰开可拉出黄金色糖丝。果核小，不具种仁。品质优，适于鲜食、制干和加工其他产品，属干、鲜、加工兼用型，有广阔的发展前途。

（2）品种分类。赞皇金丝大枣群中有三个主要品种：

赞皇金丝长枣：果实个大，优质，成熟后半干时，可拉出黄金色糖丝。为赞长枣群中的名品，栽植比例大（占 45%），在赞皇县已有 400～600 年的历史。

赞皇金丝大枣：为赞皇枣群中的主栽品种之一，栽培比例占 45%，与赞皇长枣齐名，也能拉出黄金色糖丝。其生物学特性、生育期和适应性同赞皇金丝长枣。

赞新大枣：赞枣引入新疆后，由于自然条件变化，形成了赞皇金丝大枣群中一个新的生态型品种。赞新大枣是在 1983 年 10 月湖南长沙《中国枣树志》审稿会议上由专家命名的。"赞"指的是赞皇金丝大枣，"新"指的是新疆，意思是说赞皇金丝大枣在新疆安家落户。赞新大枣是由新疆阿拉尔农科所引育的。赞皇金丝大枣引入新疆后，受该地区特殊的气候影响，夏季高温，冬季寒冷，日照时间长，昼夜温差大，相对湿度低，年降水量少，但灌溉条件好，致使赞皇金丝大枣在新疆的生长、结果及枣果的品质都超过了原产地赞皇县。

（3）营养特性。赞皇大枣是鲜食、制干和加工兼用品系，果形为长圆形至近为圆形。它以个大著称，果实大、果形整齐。果色深红鲜亮，皮薄肉厚，鲜枣每千克为 40～70 个，单果最大长 6.7cm，重 68g，肉质细脆，酸甜可口，含可溶性固形物 26.7%～29.85%，含酸 0.25%，含人体所必需的多种氨基酸，含维生素 C 383.63～597mg/100g，维生素 P 含量高达 3000mg/100g，居各果品之首，每千克鲜枣热量为 4311kJ，可食率达 95% 以上，肉厚达 0.7～1.5cm。干枣每千克 60～100 个，制干后含糖 58.7%～62.57%，每千克干枣发热量为 12930kJ。

（4）适应性。赞皇大枣适应性强，耐旱、耐寒、耐瘠薄，树势强健，结果早，丰产、稳产、管理简单，经济效益高。在山区、丘陵、平原、沙荒地均能很好地生长结果。百年大树仍能正常结果，无明显大小年结果现象。赞皇大枣引入新疆、甘肃、陕西、山西、河南、辽宁、山东、广西、云南、上海，均表现良好。

3. 阜平大枣（图 1-3）

（1）果实性状。果实呈长圆或倒卵圆形，大小较整齐。平均果重 11～12g，果肩呈平圆，稍耸起，梗洼与环洼中等深广。果柄较细。果顶呈广圆，顶点略凹陷。果面平滑。果皮较薄，呈棕红色，韧性差，果肉呈青白色，脆甜多汁，含可溶性固形物 26% 左右，可食率为 95.4%，鲜食风味更好，甜中带有淡淡的酸味。这种枣晒干后果肉较少，不宜制干。干枣含总糖 73.2%，肉质硬脆，少弹性，品质中上。果核呈纺锤形。在产地，果实 8 月下旬就开始

图 1-3 阜平大枣（婆枣）

陆续成熟，9 月中下旬绝大多数成熟可采收，民间有谚语："七月十五（阴历）拣枣（开始成熟），八月十五打枣"。果实发育期为 105 天左右。

（2）栽培习性。树体高大，树冠呈圆头形或乱头形，树势强健，干性强，发枝力弱。枣头多直立延续生长。20 年生树，树高 7 米，冠径 6 米。枣股呈圆柱形，连续结果八九年。根蘖分株后六七年开始结果，15 年后进入盛果期，坐果稳定，产量甚高，丰产稳产。风土适应性很强，耐旱耐瘠，花期能适应较低的气温和空气湿度。裂果较重。多用根蘖繁殖。栽种应以枣粮间作为主，成园栽种，每公顷栽 405～465 株为宜。8 月中下旬适时灌溉，防止干旱，减轻裂果。

4. 木枣（图 1-4）

图 1-4 木枣

（1）果实特性。果实中大，呈柱状形，纵径为 3.5～4.6cm，横径为 2.4～2.8cm，单果平均重 10.3g，最大单果重 14.8g。果面不光滑，皮厚，呈深红色。果点小而显著。梗洼中深且广，果顶微凹。肉中厚，呈绿白色，质致密较硬，汁液少，鲜枣含可溶性固形物 27.2%，可食部分占果重的 96.2%。核中大，呈纺锤形，纵径为 2.2cm，横径为 0.81cm，平均重 0.39g。核面粗糙，沟纹浅，先端长而渐尖，基部短而钝，核内无种仁。果实品质中上，制干率为 48%，耐贮运，抗裂果，是制干优良品种。

（2）栽培习性。树冠呈圆头形，树姿半开张，干性略强，

树势强健，主干灰褐色，皮部纵裂，裂纹中深。枣头枝呈红褐色，年生长量为 40～50cm。节间弯曲。皮孔中大较密，呈黑褐色。枣股肥大，呈黑灰色、圆锥形，通常抽生枣吊 1～5 个，吊长 11～26cm，着果较多部位为 5～6 节。花量密，每一花序有花 1～9 朵。每吊有叶 9～17 片，叶片大而厚，呈长卵圆形。叶长 4～7cm，宽 2.3～3.2cm，先端渐尖，边缘锯齿浅，基部呈扁圆形。叶柄长 0.3～0.9cm。7 年生树高 3m，枝展 3m。枣头发枝力中等，当年结实力强，进入结果期早，较丰产稳产。5 月发芽，6 月上旬始花，6 月中旬盛花期，9 月下旬果实成熟，10 月中旬落叶。该品种树势强健，树体中大，抗旱、抗寒、抗病虫害，耐瘠薄。抗裂果，适于旱地和河滩沙地栽培。

5. 灰枣（图 1-5）

图 1-5　灰枣

（1）果实性状。果实呈长倒卵形，胴部稍细，略歪斜。平均果重 12.3g，最大果重 13.3g。果肩圆斜，较细，略耸起。梗洼小，中等深。果顶呈广圆，顶点微凹。果面较平整。果皮呈橙红色，白熟期前由绿变灰，进入白熟期由灰变白。果肉呈绿白色，质地致密，较脆，汁液中多，含可溶性固形物 30%，可食率为 97.3%，适宜鲜食、制干和加工，品质上等。出干率为 50% 左右。干枣果肉致密，有弹性，受压后能复原，耐贮运。果核较小，含仁率为 4%～5%。

（2）栽培习性。在产地，4 月中旬萌芽，5 月下旬始花，9 月中旬成熟采收。果实发育期为 100 天左右。

6. 长红枣（图 1-6）

（1）果实性状。果实中大，果个较整齐，呈长圆柱形，平均单果重 13.4g，最大果重 29g。果面较光滑，皮薄，呈赭红色，果点不明显。肉厚，呈白绿色，汁多味甜，鲜枣含可溶性固形物 31.3%，鲜枣含糖量为 29.8%，干枣含糖量为 75%，含酸 1.2%，每百克果肉中含维生素 C 492mg，可食率为 96.3%，品质上等，适于鲜食和加工。花较密，每一花序有单花 1～4 朵。

（2）栽培习性。树势强健，枣头枝萌发力强，当年结实能力较强。进入结果期早，丰产性强，产量稳定。7 年生单株产鲜枣 30kg。在鲁南地区 4 月中旬发芽，5 月中旬开花，6 月上旬盛花期，9 月中旬果实成熟，10 月中旬落叶。耐贮运，较抗裂果。长红枣选 1 号抗旱耐瘠薄，耐寒性强，抗病虫害能力强，尤其抗枣疯病的危害。

7. 圆铃枣（图 1-7）

（1）果实性状。果实呈近圆形或平顶宽锥形，侧面略扁，大小不整齐。平均果重 12.5g。果面不平，略有凹凸起伏。果实呈紫红色，有紫黑斑，富光泽。果皮厚，有韧性，不易裂果。果肩宽，呈广圆，略耸起，梗洼深、中广，环洼较宽、中深。果柄细短。果顶平，顶洼中广。果肉厚，呈绿白色，质地致密，较粗，汁少味甜，含可溶性固形物为 31.0%～35.6%，可食率为 97.0%，制干率为 60%～62%。鲜食质粗硬，风味不佳。干制成红枣，含糖 74%～76%，品质上等，极耐贮运。果核呈纺锤形或短纺锤形，一般不含种子。在产地，

4 月中旬萌芽，5 月下旬始花，9 月上中旬成熟采收，果实发育期为 95 天左右。

图 1-6　长红枣

图 1-7　圆铃枣

（2）栽培习性。树体高大，树冠呈自然半圆形，树势强健，发枝力强。20 年生树，树高 8～9m，冠径为 6.3m。枣股短柱形，持续结果 6～8 年。分株繁殖后 4～5 年开始结果，产量较高而稳定。盛果期树株产 35kg 左右。该品种对土壤、气候的适应性均强，耐盐碱和瘠薄，在黏壤土、沙质土、砾砂土上都能较好生长。花期能适应相对湿度低于 40％的干燥天气，坐果底限温度为 22～23℃。落果较重。果实熟期遇雨不裂果。

8. 冬枣（图 1-8）

（1）果实性状。果实呈近圆形，果面平整光洁，果形似小苹果。纵径为 2.7～2.9cm，横径为 2.5～2.9cm，平均单重 14g，最大果重 35g。皮薄，果肉较厚，肉质细嫩特脆，多汁无渣，味浓甜，略具酸味，品质极上。含可溶性固形物 34.2％，维生素 C 含量 352mg/100g，可食率为 97.2％，含水率为 67％。10 月上中旬成熟。

图 1-8　冬枣

（2）栽培习性。冬枣树势中庸，发枝力中等，定植后 2～3 年结果，高接后第二年结果，稳产。果实发育期为 125～130 天。从 9 月下旬（白熟期）至 10 月中旬（完熟期）可陆续采收。该品种适应强，较丰产稳产，果实成熟期晚，为优良的晚熟鲜食品种。

9. 临猗梨枣（图 1-9）

图 1-9　临猗梨枣

（1）果实性状。梨枣果实特大，呈近圆形，单果平均重 31.6g，最大单果重 82.7g，果肉厚，绿白色，质地酥脆，汁多，味极甜。鲜枣含糖量为 23.5％，含酸量为 0.36％，维生素 C 含量为 392.5mg/100g，含可溶性固形物 27.9％～33.1％，核长纺锤形，核面粗糙，沟纹深，先端渐尖，基部略钝，无种仁。果实品质极上，为优良鲜食品种。

（2）栽培习性。梨枣树冠呈乱头形，树姿下垂，干性弱，树势中庸，树体中大，主干呈灰褐色，皮部纵裂，裂纹深，剥落少，枣头枝呈褐红色，枣股呈灰褐色、圆锥形，通常抽生枣吊 4～8 个，吊长 13.5～29cm，着果较多部位为 7～10 节。枣头萌发力强，进入结果期早，一般嫁接后第二年大量结果，枣头枣股结果能力很强，特丰产，产量稳定，2 年生植株产鲜枣 3.2kg，3 年生植株产鲜枣 6～8kg。在陕西高陵地区，4 月中旬发芽，5 月下旬开花，6 月中旬达盛花期，9 月中下旬果实成熟，11 月上旬落叶。

二、新选育的优良品种

1. 金丝丰

金丝丰（图 1-10）是沧县林业局从金丝小枣中选育出的优良品种。果实呈卵圆形，平均单果重 5.26g，皮薄、肉厚，可食率为 96.5%，成熟果实呈紫红色，含维生素 C 451.4mg/100g，出干率为 65.8%。果实品质上等，适于鲜食和制干。抗裂，丰产、稳产。9 月下旬成熟。

2. 金丝蜜

金丝蜜（图 1-11）是河北省沧县金丝小枣良繁基地从金丝小枣中选优而来。1997 年通过河北省科委组织的技术鉴定，1998 年通过河北省林木良种审定委员会审定。果实呈卵圆形，平均单果重 4.52g，果皮薄，肉厚，可食率为 96.76%，出干率为 64.5%，成熟果实呈紫红色，维生素 C 含量为 493.42mg/100g，味甜品质极上，适于鲜食和制干，丰产、稳产。9 月下旬成熟。

图 1-10　金丝丰

图 1-11　金丝蜜

3. 无核丰

无核丰（图 1-12）由青县林业局选育，2003 年通过河北省林木品种审定委员会良种审定。该品种果实呈长圆形，果形端正，平均单果重 4.63g，鲜枣含糖量为 35.6%，维生素 C 含量为 384.4mg/100g，核基本退化，制干率为 65%。裂果轻。

4. 早脆王

早脆王（图 1-13）由沧县小枣良繁场选育，2001 年通过河北省林木品种审定委员会良种审定。该品种果实呈卵圆形，平均单果重 30.9g，最大果重 87g，果实可溶性固形物含量为 39.6%，果面鲜红，肉质酥脆，汁多味甜，可食率为 96.7%。存在的主要问题是果实成熟时易出现萎蔫果。

图 1-12 无核丰图

1-13 早脆王

5. 献王枣

献王枣（俗称大小枣）（图 1-14）由献县林业局选育，2005 年通过河北省林木品种审定委员会良种审定。平均单果重 9g，最大果重 12g，果皮呈深红色，有光泽，干枣可食率为 90.4%，果实可溶性固形物含量为 76.5%，制干率为 70%～78%。主要特点是极少裂果。

图 1-14 献王枣（大小枣）

6. 金丝 4 号

金丝 4 号（图 1-15）由山东省果树研究所和无棣县从当地金丝小枣中优选而来，1998年通过了山东省农作物品种审定委员会审定并命名。

生长势中等，树姿开张。果实呈近长筒型，单果重 10～12g，整齐度高，果肉呈白色，质地致密脆嫩，口感极佳，可食率为 97.3%，含可溶性固形物 40%～45%，制干率为 55%左右。红枣呈浅棕红色，肉厚富弹性，光亮美观。果实发育期为 105～110 天，9 月底 10 月初成熟。该品种早实丰产，综合性状明显优于普通金丝小枣。

7. 马牙枣

马牙枣（图 1-16）品种果实长锥形至长卵形，平均单果重 14.0g，最大单果重 21.5g。果

图 1-15 金丝 4 号

皮呈鲜红色，完熟期呈暗红色，果面光滑，果肩宽。果核细长呈纺锤形，果皮薄、脆，果肉脆熟期呈白绿色，完熟期呈黄绿色，果肉致密、酥脆，汁液多，风味甜或略有酸味，完熟期果实风味极甜，品质上等。可溶性固形物含量脆熟期为26.10%、完熟期为31.50%，可食率为96.30%。8月中旬成熟，果实发育期为80天左右。该品种适应性极强，抗旱，耐瘠薄，耐粗放管理，遇雨有裂果现象。

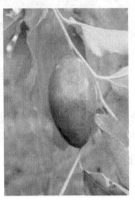

图1-16 马牙枣

8. 月光枣

月光枣（图1-17）由河北农业大学选育，2005年通过河北省林木品种审定委员会良种审定。8月中下旬成熟，平均单果重10g，果皮呈深红色，果面光亮，果肉细脆，汁液多，酸甜适口，鲜食品质佳。果实可溶性固形物含量为28.5%，核小，可食率为96.8%。优质、抗寒、丰产，容易管理，适宜设施栽培。

图1-17 月光枣

9. 沧蜜1号

沧蜜1号（图1-18）是加工品种，由河北省沧州农林科学院选育。2008年通过河北省林木品种审定委员会良种审定。8月中旬为白熟期，9月上中旬成熟。果实为长圆形，平均单果重17.2g，最大果重35.2g，果形一致，呈白色，肉质疏松，汁液少，可食率为97.7%，果实可溶性固形物含量为34.2%。适于加工和鲜食。

图 1-18　沧蜜 1 号

10. 冀星冬枣（图 1-19）

冀星冬枣由沧州市林业科学研究选育。2008 年通过河北省林木品种审定委员会良种审定。果实呈圆形，平均单果重 16.5g，最大果重 35g，果皮薄，果肉呈黄白色，肉质细嫩多汁，酥脆，口感好。果实可溶性固形物含量为 31%。结果能力强，易丰产。

图 1-19　冀星冬枣

11. 扁核酸（图 1-20）

扁核酸是河南省安阳、濮阳枣树的主栽地方品种。2007 年通过河南省林木品种审定委员会审定。果实呈短圆筒形，平均单果重 10g，最大单果重 16g；果实呈深红色，表面平滑；果皮较厚，多无种仁；果肉绿白色，稍脆，汁液少，略有酸味；鲜果可溶性固形物含量为 27%～30%，可食率为 96%；在河南省安阳市，果实成熟期 9 月下旬至 10 月上旬。

图 1-20　扁核酸

思考与训练

1. 我们学习的枣品种哪些品种适宜制干？哪些品种适宜鲜食？

2. 到市场上了解一下当地各品种的行情，并买一些不同品种果实进行品尝。

3. 进行生产调查，哪些品种后期不易裂果。

4. 与枣农们座谈，了解哪些品种效益高。

第二节　枣树的生物学特性

任务描述

枣树栽培所采取的各种技术措施，如整形修剪、花果管理、土肥水管理等技术，都是依据枣树的生物学特性进行的。进行枣树优质丰产栽培必须掌握其生物学特性。本次任务是学习枣树根、芽、枝、花的形态与生长发育规律，花芽分化、落花落果、果实发育的规律，以及枣树对环境条件的要求。

一、生长结果习性

（一）根

枣树多采用分株繁殖，为根蘖根系。一般水平根较垂直根发达，根的密度较小，但水平延伸能超过树冠的 3～6 倍，大多分布在 15～30cm 的土层内。水平根上容易发生根蘖，根蘖多少与繁殖方式、树势强弱有关。嫁接树和生长弱的植株，根蘖发生少；分株繁殖和生长强的植株，根蘖发生多。

提个醒

根蘖苗可用来繁殖新植株，但根蘖过多，会影响枣树的生长和结果。在不需要根蘖繁殖的枣园，应将根蘖及时刨除。

（二）芽

枣树的主芽（图 1-21）、副芽着生在同一节位，上下排列，为复芽。主芽着生于枣头和枣股的顶端及侧生于枣头一次枝及二次枝的叶腋间，形成后当年不萌发。

着生于枣头顶端的主芽，春季萌发后，可形成新的枣头，幼龄树可连续生长 7～8 年。只有当生长衰退时，其顶端的主芽才停止萌发或形成枣股。枣头上的侧生主芽，通常多年不萌发，只有当枣树生长减缓时才萌发形成枣股，如受到刺激可萌发成枣头。

位于枣股顶端的主芽，年生长量为 1～2mm，只有受到刺激时才萌发成枣头。枣股的侧生主芽，多呈潜伏状不萌发，只有当枣股衰老时，才萌发成枣股，于是形成分叉的枣股，俗称为"鸡爪子"。

副芽（图 1-22）位于主芽的侧上方，当年即可萌发。着生于枣头上的侧生副芽，下部的可萌发成为枣吊，中上部的副芽可萌发成永久性二次枝；着生于枣股上的副芽，一般均萌发为枣吊，开花结果。因为副芽是裸芽，随形成随萌发，故看不到它的外形。

图1-21 枣头上的主芽

图1-22 枣头上的副芽

（三）枝 条

枣树的枝条，按形态和性质不同，分为枣头、二次枝、枣股、枣吊四种。

1. 枣头

枣头是枣树的营养枝。一般由主芽萌发生长而成，是扩大树冠、形成骨干枝和结果枝组的主要枝条。枣头一次枝上的副芽，当年萌发成二次枝。

2. 二次枝

由枣头中上部副芽长成的永久性二次枝，是形成枣股的基础，因此又称结果基枝。这种枝当年停止生长后，顶端不形成顶芽，下年不能延伸生长。因此，不能做骨干枝。由枣头基部副芽形成的二次枝，生长弱，柔软下垂，当年冬季脱落，成为脱落性二次枝。永久性二次枝的长短和树龄、树势有关，一般有5～8节，每个节上有主芽和副芽。副芽在当年形成脱落性三次枝，主芽则逐年发育成枣股。

3. 枣股

枣股（图1-23）是一种缩短的结果母枝。是由枣头一次枝和永久性二次枝叶腋间的主芽形成的。枣股上也有主芽和副芽，主芽为顶芽，每年向前延伸1～3mm。随着枣股顶芽的生长，在其周围呈螺旋状排列的副芽同时抽生枣吊，开花结果。

枣股的结果能力与其枝龄有关，一般以3～8年生的枣股结果最多。枣股寿命6～15年，以枣头一次枝上的枣股寿命长，二次枝上的寿命短，但二次

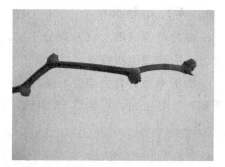

图1-23 枣股

枝上的枣股结果能力较强。枣股衰老或干枯时，可由基部的潜伏主芽萌发，进行更新，形成分枝状的枣股。

如对弱枝回缩更新，枣股受到刺激时，其顶端主芽也能抽生枣头。由二次枝上的枣股抽生的枣头，生长健壮，可形成骨干枝或结果枝组，在上面再形成新的枣股。

枣股是枣的结果母枝，培养大量的结实能力强的枣股是提高产量的重要途径。永久性二次枝是着生枣股的基础枝条，它着生在枣头的一次枝上，因此，枣头也是一个结果枝组。不断培养新生枣头代替衰老的枣头，就成为结果枣树修剪的重要任务之一。

图 1-24 枣吊

4. 枣吊

枣吊（图 1-24）是枣的结果枝。常因结果后下垂，故常称为"枣吊"。多数枣吊每年春季由"枣股"上的副芽长出，坐果率高，果个大，是构成产量的主要结果枝。少数枣吊是由当年枣头一次枝的基部和二次枝的叶腋副芽抽生的，这些枣吊的花期晚，果实成熟迟，果个小，质量差。

每个枣股可着生枣吊 3～5 个。枣吊通常长 10～25cm，15 节左右，树势旺盛的枣吊长达 30cm 以上。从枣吊的第二、第三叶腋起，每个叶腋着生聚伞花序，每花序有花 3～15 朵不等。枣吊秋季随落叶而自行脱落，寿命只有一个生长季节，因此，又叫脱落性结果枝。

（四）花芽分化

据河北农业大学在保定的观察，枣花芽分化的主要特点是当年分化，多次分化，分化速度快，单花分化期短，整个植株分化持续时间长。

枣树的花芽是随着枣吊的生长而分化的。春季枣吊萌发生长时，其叶腋间不断出现花的原始体。至枣吊幼芽长到 1cm 以上时，最早分化的花芽器官各部已经形成，先分化的花芽先开，后分化的陆续开放。

枣花芽分化的速度快，单花分化需时 6 天左右，一个花序为 6～20 天，一个枣吊花芽分化期历时 1 个月左右。由于枣吊形成的早晚不同，单株分化期可长达 2～3 个月之久。

（五）花和授粉

枣的花器（图 1-25）共分三层，外层为萼片，向内为花瓣和雄蕊，内为发达的蜜盘和雌蕊，为典型的虫媒花。

由于枣吊的着生部位不同，生长早晚参差不齐，所以，枣树的花期很长。一般从 5 月下旬到 7 月上旬，可延续 50 多天，有时可达 2～3 月之久，但以中期花的坐果率高。

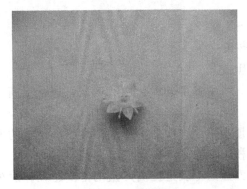

图 1-25 枣花图

1-26 枣花盛开期

树冠外围枣花先开。在同一枣吊上，基部的花序先开；而在同一花序上，顶花最先开放，花序基部的花朵后开（图 1-26）。顶花形成的果实个大，质量好。枣树许多品种能自花结实，但异花授粉能提高坐果率，尤其是雄蕊发育不良、花粉退化的品种，则更需要配置授粉树。据观察，沧州金丝小枣以绵枣做授粉树，望都婆枣以班枣做授粉树，均有明显的增产效果。因此，建园时应考虑配置授粉品种。

小知识 枣的授粉和花粉发育受环境条件影响。低温、干旱、多风天气对授粉不利。北方枣区花期如空气过于干燥，往往会出现"焦花"现象，于花期喷清水，可有效地提高坐果率。

（六）落花落果

枣的花量虽大，但落花落果严重，坐果率不高。金丝小枣的自然坐果率为0.42%～1.60%，其中落花是造成坐果率很低的主要原因。枣花开放时，如遇低温、干旱、多风等不良气候条件，则影响开花和授粉，经约一周后即出现大量落花。盛花期后，在北方枣区，约在6月下旬至7月上旬出现落果高峰，这次落果主要是营养不足造成的。树体越弱落花落果越严重，因此，采用环剥或根外追肥等措施，改善树体营养状态，对减少落花落果有重要作用。

（七）果实发育

枣果的发育过程，可分为四个时期。

1. 细胞迅速分裂期

此期细胞分裂迅速，数量增加很快，但细胞的体积增长缓慢。此期在开花后的2～3周之内。

2. 幼果迅速生长期

此期幼果迅速生长，特别是纵径和种仁增长很快，核层开始硬化（图1-27），经2～4周时间。此期消耗养分较多，如肥水不足，则影响果实发育甚至落果。

3. 果实重量剧增期

此期果实横径增长显著，果核硬化，果实重量显著增加，经4周时间。

4. 营养物质的积累和转化期

图1-27 枣果实发育

此期果实增长缓慢，果核进一步硬化，果皮开始着色，含糖量增加，直至果实成熟。

二、对环境条件的要求

（一）温度

枣是喜温的果树，春季13～15℃时开始萌发，20～25℃开花，果实成熟的适温为

18～22℃。枣对高温和低温的忍耐能力都很强。冬季在－35℃的低温条件下能安全越冬，夏季在40℃的高温下不致发生伤害，因此在我国南北各地分布广泛。

（二）光照

枣树喜光，生长在阳坡和光照充足的地方，树体健壮，产量高，品质好。

（三）水分

枣树耐旱耐涝，生长期中应保持一定的土壤含水量。枣树花期要求有较高的空气湿度，否则影响授粉受精。果实成熟期要求天气晴朗，雨量过多会引起落果、裂果和烂果。地面短期积水，不致淹死。

（四）土壤

枣树对土壤的适应性很强，在酸性或碱性土上都能生长，但以肥沃的中性沙质土壤最好。

【思考与训练】

1. 观察枣头、二次枝、枣股、枣吊的形态特征。
2. 枣树花芽分化有什么特点？
3. 枣树对环境条件有哪些要求？
4. 进行枣园调查，掌握每个枣股抽生枣吊数、每个枣吊上花朵着生数及坐果数。

第三节　枣树育苗技术

【任务描述】

枣树苗木主要有根蘖苗、归圃苗、嫁接苗、扦插苗、脱毒组培苗五种类型。过去在生产中多采用根蘖苗和归圃苗，近几年随着育苗技术的逐步提高和枣树生产的发展，在生产中多采用优良品种的嫁接苗、扦插苗。本次学习任务为学习枣树嫁接育苗、扦插育苗、归圃育苗。

一、枣树嫁接育苗

（一）砧木的种类

北方常用的枣树砧木有本砧和酸枣砧。本砧可用枣树的根蘖苗、归圃苗和用种核培育的实生苗。酸枣砧可用酸枣野生苗，也可以在苗圃播种酸枣种子培育实生苗。

（二）酸枣砧木苗的培育

1. 种子的采集、贮藏与处理

酸枣采集一般在9～10月。采下的酸枣脱皮后，放入池内洗净并阴干，如为秋播，可在土壤封冻前播种，让种子的外壳在田间自然软化破裂；如为春播，则应进行种子层积处理。

层积处理的时间为 11～12 月，方法是先将种子放入清水中浸泡 2～3 天，使种核充分吸水，然后将种子与 5 倍的湿沙（以手握成团而不滴水为宜）均匀混合，放入层积坑中，将种子堆至距坑口 10cm 处，上面再覆一层细土（为了减少水分蒸发，稳定坑内温度），并堆成屋脊形，再用草苫封盖。为了防止种子在层积处理时发生霉烂，可用 50% 的多菌灵 500 倍液事先浸种。为了防止坑内积水，最好在坑边挖一排水沟。层积期间应定期检查，层积时间一般为 80～90 天。

对于层积处理的种子，播前要进行种子催芽。催芽的方法是先选一背风向阳处，挖一个 30cm 深的坑，坑的大小以种子多少而定。坑底铺一层草席，将沙藏的种子均匀铺入坑中的席上，种子厚度为 10cm，上覆 10cm 细沙，盖上塑料薄膜，白天利用太阳光加热，夜晚覆盖草苫保温。催芽期间每 2 天搅翻 1 次，并加喷温水（30℃），防止种子过于干燥。种子一般 5～10 天后开始裂开，当 30% 以上种核破裂露白时即可进行播种。

近年来，很多地方也采用酸枣仁播种育苗，枣仁在播种前也要进行催芽处理。方法是先将枣仁用 60℃ 温水浸泡 6～8h，捞出后与湿沙按 1:5 的比例掺匀，然后与带核种子处理方法相同，放入坑中覆膜保温催芽，当 30% 以上种仁露白时即可进行播种。

2. 播种与管理

圃地要肥沃、深厚、排水良好，地下水位在 60cm 以下，有灌溉水源。土质以沙壤和壤土为好。育苗前施足基肥，浇水保墒，深耕细耙。4 月初做畦，畦面宽 100cm，畦中按间距 30cm 开 3 条播种沟，沟深 2～3cm。带核种子（或种仁）点播沟底，每点集中点播带核种子（或种仁）3～4 粒，点间距为 10～12cm。播后覆土并加盖地膜。幼苗出土后要及时破膜引苗，待苗长到 4～5 片真叶时间苗，每点选留 2 株壮苗。苗高 10cm 时进行定苗，每点保留 1 株壮苗。酸枣实生苗幼苗期生长较慢，不耐干旱，苗木生长期间要注意及时浇水保墒。苗高长到 15cm 和 30cm 时，分别追肥 1 次，每次施尿素 20～30kg/亩（15 亩＝1hm²，下同），采用穴施法施肥。在生产中经常将追肥和浇水结合起来，先追肥后浇水效果最好。苗期要及时除草，防治病虫害。待苗高长到 30～40cm 时，清除主茎基部 10cm 以内的分枝，以保证嫁接部位光滑、操作方便，嫁接成活率高。苗高长到 50cm 时对主茎进行摘心，通过摘心可缓和顶端优势，抑制苗木高生长，促进苗木加粗生长，以保证苗木早日达到嫁接粗度。

（三）接穗的采集、贮藏和蜡封

接穗必须采自优良品种的健壮结果树。枝接的接穗可选用 1～2 年生的发育枝或 3～4 年生的二次枝，但最好是组织充实、芽体饱满的 1～2 年生发育枝的中上部。芽接多用 1 年生枣头一次枝上的主芽做接穗。

1. 采接穗

采接穗时间最好在枣树发芽前的 15～30 天，采后要进行蜡封，以防止接穗失水干枯。如在冬季或早春，结合修剪采下的接穗，可每 50 条捆成 1 捆，二次枝不必剪除，以免接条失水，沙藏在 5℃ 左右的冷库或土窑内。

2. 剪接穗

剪截多以单芽为主，长度一般为 5～7cm，芽体上部一般留 1.5～2cm，随截随蘸蜡。

3. 蘸蜡

蘸蜡时先将熔点为 65℃ 左右的石蜡加热熔化，温度控制在 80～100℃，温度太高容易烫伤接穗，温度太低，蘸出来的蜡层太厚，容易剥落。蘸蜡时操作要迅速，蘸蜡后再及时蘸一下水，保证接穗尽快冷却。接穗蘸蜡后用编织袋包装，注明品种、数量、日期，放于 1～5℃ 阴冷处待用。

水浴加热熔化石蜡方法

生产中，一般用较小的容器（多用金属容器）盛石蜡后，放在盛水的大容器中，隔水加热熔化石蜡。此法蜡液温度稳定，对枝芽安全，蜡封效果比较好。

（四）嫁接时期

枣树可嫁接的时间很长，3～9 月均可采用不同的方法进行嫁接。虽然枣树可嫁接时间很长，但在圃地中多在春季枣树发芽前半月（树液已开始流动）至发芽后 3～4 周嫁接，此时嫁接成活率较高，生长期长，主茎当年高生长量可达 1.2～1.5m 以上，当年即可培育出优质苗出圃。

图 1-28 劈接
1. 接穗 2. 结合 3. 绑缚

（五）嫁接方法

枣树的嫁接方法很多，常用的嫁接方法有劈接、插皮接、芽接、腹接和嵌枝接 5 种。

1. 劈接

劈接是将接穗削成两个等长斜面，斜面长 3cm 左右，如砧木较粗，接穗长斜面可达 5cm；然后用嫁接刀具把砧木从中央劈开，将好的接穗插入，使接穗和砧木的形成层对齐，迅速用塑料条将接口绑紧、缠严。劈接的特点是嫁接时间早（砧木萌芽前半月到砧木发芽后 3～4 周），成活率高，接后幼苗生长快。

提个醒

嫁接刀一定要磨快，一个削面要一刀削成，如果回刀削出的面与原削面不在同一平面上，接穗无法削平滑。

2. 插皮接

插皮接（图 1-29）时将接穗削成 3～5cm 长的平滑切面，在削面两侧背面轻轻削一下，露出形成层，再在长削面的下端背面削出长 0.5cm 的短斜面，便于插入。选枝皮光滑处剪砧，修平截面，在砧木一侧用嫁接刀划一纵口，深达木质部，顺手用刀将嫁接部位枝皮与木质部分开。插入接穗时，将长削面向里，短削面向外，对着切缝向下慢慢插入，用塑料条绑紧缠严。插皮嫁接的特点是嫁接时间长，从 4 月上旬到 9 月上旬，长达 100 天以上，只要砧木能离皮均可嫁接；接穗容易采集，1～4 年生的枣头一次枝及二次枝均可；砧木选择不严格，砧粗 1～3cm 均可利用；嫁接成活率高，一般可达 90%以上。

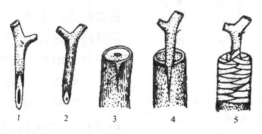

图 1-29 插皮接

1. 接穗长削面 2. 短削面 3. 剪砧、切开枝皮 4. 插入接穗 5. 绑严

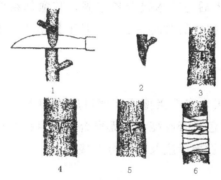

图 1-30 芽接

1. 削芽方法 2. 接芽 3. 切"T"形口
4. 剥开"T"形口 5. 插入接芽 6. 绑缚

3. 芽接

枣树的芽接（图 1-30）方法不同于一般果树。枣树一年生枝的枝皮很薄，而且侧芽都在枝的弯曲部位，要削取完好、平整的芽片，必须附带较厚的木质组织。削芽时，先在芽上方 1.2mm 处横切一刀，深达 2～3mm，再从芽下 1.5cm 处向上斜切到横切口，取下带木质部的芽片。在砧木光滑处切"T"形接口，接芽上端与砧木横切口密接，用塑料条绑紧，仅露出主芽，一周后可解绑检查成活率。此法操作简便，嫁接成活率高，但接穗需要随采随用，不能远距离运输。枣树芽接的时间也比较长，一般从 4 月上旬（树液开始流动）至 9 月上旬，凡砧木和接穗离皮时都可进行。

4. 腹接

将接穗用剪枝剪剪成一面长 3cm、相背一面长 2cm 左右的不等削面，然后在砧木上选好嫁接部位，用剪枝剪向下斜剪一口，切口的深度根据砧木和接穗的粗细而定。粗的切口要长，细的切口要短。接穗插入切口内，长削面向内，短削面向外，使形成层对齐，用塑料布将嫁接口和砧木伤口绑紧绑严。此法操作简便，嫁接成活率高，如图 1-31 所示。

5. 嵌枝接

将接穗削成一长（2～3cm）、一短（0.5cm）两个削面，两个削面之间的夹角为 30°，

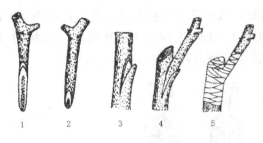

图1-31　腹接
1.接穗长削面　2.短削面　3.砧木切口
4.插入接穗　5.绑严

砧木在距离地面3～5cm处剪断，在砧木平滑的一侧用刀从上往下切一刀，带1/5～1/4的木质部，其深度略短于接穗的长削面，再在刀口终点上方0.5cm处横向斜切第二刀，同纵向削面成30°夹角，切至第一刀终点处，取出砧木削片，把削好的接穗嵌入砧木的切口上，将下切口和左右两条边的形成层对齐，接穗粗于或细于砧木时保证一侧对齐，用塑料条将接口绑紧。该法适于砧木比较细、接穗相对较粗的情况，而且由于嵌枝接的接穗和砧木的接触面大，加之砧木下切口处有一个30°的切口，接穗嵌入后与砧木接合较牢固，其愈伤组织形成快，接口愈合好，成活率较其他嫁接方法高。嵌枝接的时间一般在3月下旬至4月下旬为宜。

（六）接后管理

1.检查成活

一般在嫁接后10～15天，查看接穗顶部剪口皮层和木质部交接部位，有无长出成圈白色的愈合组织，接穗的皮色是否鲜亮，如无愈合组织且接穗已失水干枯或新梢长出后又萎蔫，说明接穗死亡。如有没接活应及时进行补接。

2.除萌

枣树嫁接后，砧木上的芽很容易萌发，为使养分集中供应给接穗，促进愈合，必须及时抹除砧木上的萌芽。一般需除萌3～5次。

3.放芽和解绑

接后定期检查，如接穗新芽被塑料膜包裹时，要小心挑开包扎的塑料膜，放出新芽。芽接苗一般在接后30天左右，接口完全愈合后解除绑缚。枝接苗一般在2个月左右解除绑缚。

提个醒

如果解绑太晚，会在绑缚处造成明显缢痕，很容易造成风折。解绑太早，伤口未愈合，造成嫁接失败。

4.扶绑固定

接芽长到30～50cm时，应注意立支柱扶绑，以防止风折。扶绑固定高度应距接口25cm左右。

5.加强肥水管理

在接穗发芽以后重点是搞好苗木的促长工作。追肥放在6月以前施用，以氮肥为主，一般每亩施尿素15kg左右。干旱时要及时浇水保墒，一般情况下追肥浇水效果较好。浇水以后要及时除草、松土、保墒。

6. 注意防止病虫害

苗期虫害主要有枣红蜘蛛、枣瘿蚊、枣壁虱，病害主要有枣锈病、缺素症等，要对症进行及时防治。

（七）嫁接苗的苗木分级

出圃的苗木必须达到一定的标准，按照苗木质量分级标准进行分级。

相关链接

枣树单芽切腹嫁接技术

以酸枣做砧木，用单芽切腹法嫁接枣树。

接前准备：应在 2 月下旬～3 月中旬为宜，剪取品种纯正、生长健壮、品质优良、无病虫害的一年生枝和二次枝，剪成一芽的接穗。将优质石蜡置水浴锅中，待蜡液融化后，将接穗置铁笊篱中迅速浸入蜡液，然后迅速捞出撒于地上，冷却后收集放冷凉处备用。接前先清除酸枣砧木周围的弱株及杂草，将砧木剪留 6～10cm。

嫁接方法：4 月上旬～5 月中旬为嫁接适期。拿一条接穗，在芽下 1～2cm 处向下削成双斜面的楔形，先削一长削面，长约 3.5cm，再在对面削一长约 3cm 的短削面，削好的接穗应一边厚一边薄。砧木距地 3～6cm 处，斜剪一个长约 3.5cm、深达砧木粗度 1/2～1/3 的剪口；将接穗长削面朝里插入剪口，使形成层对齐，用地膜条将伤口包紧、包严。芽上只包一层。当包至芽眼时将地膜用力拉薄。

接后管理：接后 10～15 天砧芽萌出要及时除去。枣芽长至 20cm 左右时摘去 5cm，并绑立柱防止风折。当包扎的塑膜影响枣枝加粗生长时及时解绑。

二、枣自根苗繁殖

（一）枣树全光照连续喷雾嫩枝扦插育苗技术

枣树抗干瘠、耐涝碱，适应性较强，是干旱瘠薄山地及盐碱地营造经济林的主要树种之一，也是华北平原著名的林粮间作树种。近几年，枣树的优良新品种不断推出，枣园的经济效益不断提高。为加快枣树优良品种的繁殖速度，更好地满足市场苗木的需求，我们结合枣树夏季修剪，利用剪下的枝条和萌条进行了苗床全光照连续喷雾嫩枝扦插育苗试验，取得了扦插成活率 95% 以上，每平方米产苗 2375 株的效果，并且提前一年出圃，缩短了育苗周期，降低了育苗成本。现将该项技术总结如下。

1. 苗床的构建

选择地势平坦、背风向阳、离水源（自来水头或水塔）近的地方建苗床。根据插穗数量的多少确定苗床的大小，为了便于操作，一般苗床高 50cm、宽 1m，长度一般不要超过 6m。用砖块或者石块按照上述尺寸砌好苗床。床的基部离地面 10cm 处每 50cm 留一排水孔，苗床的中央固定 1 个上水竖管，高度离床面 0.8～1.0m，上端顺床面接 1 个水平喷水管，长度比床面长度短 0.5～1.0m。用干净细河沙填平苗床（图 1-32）。

2. 插条的选取

经多年的实践证明，适合日照栽培的优良品种主要有大瓜枣、大白玲、金丝 3 号和金丝 4 号等。尤其以大瓜枣栽培面积最大，占全区整个枣园面积的 85％以上。苗床嫩枝扦插育苗试验以大瓜枣品种当年生半木质化的幼嫩枝条为试材，可充分利用夏季修剪下的枝条，选取粗度在 5mm 以上、木质化程度好的嫩枝做插穗。选用幼龄母树上嫩枝做插穗可以提高生根率。对于成龄大树，需要采取短截、环剥、刻伤、断根等方法刺激枝条、根萌发新枣头，以获得生根快、生根量多、扦插成活率高的插穗。

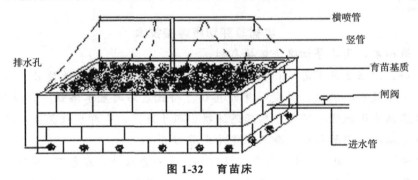

图 1-32　育苗床

3. 插穗剪截与处理

插条采集好后，剪截成长度为 15～20cm 的插穗，上剪口为平口式，下剪口为单马耳形，剪口要平滑。去掉下部 5cm 以内侧枝和叶片，保留 5cm 以上叶片。浸入 800 倍 40％多菌灵药液灭菌 5min，取出并甩掉附着的药液，以备扦插。

4. 扦插

7 月中下旬，将剪截处理好的插穗按照 2cm×2cm 的密度垂直插入苗床沙内，深度为插穗长度的 1/3～1/2，用手指按实插条周围的基质，使插穗和基质密接，随时用喷壶喷水，待苗床插满后，开启闸阀放水喷雾。

5. 管理

全光照连续喷雾嫩枝扦插育苗，水分供给充足，不需要遮阴，插穗叶片能继续进行光合作用，满足插穗生根对营养物质的需求，生根快，生根率可达 100％，移栽成活率高达95％以上。采用连续喷雾，不需要电脑控制，由人工操作即可。阳光充足的情况下，一般在每天上午 9 时至下午 4 时，开启闸阀对床苗进行喷雾，上午 9 时前、下午 4 时后和阴雨天不喷雾。每周于下午停喷水后喷布 1 次 800 倍 40％的多菌灵，以防插穗腐烂；10～15天喷 1 次 0.2％的尿素溶液，以促进苗木生长。插穗一般在插后 10 天左右开始生根，20天左右达到生根高峰，一个月左右即可全部完成生根。之后停止对苗喷雾，开始炼苗，炼苗 1 周后，当苗根达到 8～10 条，根长 3～5cm 时，苗床扦插苗就可以向苗圃移栽。

　　　　　　　　　　**嫩枝扦插成活条件**

能否提供适宜的环境湿度和生根温度，是嫩枝扦插成败的关键。嫩枝扦插要求空气相对湿度为 80％～95％、温度控制在 18～28℃，同时还要适宜的光照条件。为防止生根部

位腐烂，需做好杀菌工作。

6. 扦插苗的移栽与管理

苗床扦插苗移栽于大田苗圃是嫩枝扦插育苗的重要环节，经过苗床40天左右的生根培育，一般于8月底将床苗移栽到苗圃。移栽前要将圃地施足基肥，整平耙细后做成宽1.2m的畦，每畦移栽4行，株行距为20cm×30cm，每亩苗木为11万株。移栽宜于阴天或傍晚进行。从苗床内起出的苗木放到盛有干净清水的盆内，随起苗、随栽植、随浇水。栽后要浇一遍透水，分别在移栽后的第3、7、10天傍晚，再各浇一次水；采用微喷或滴灌能提高移栽苗成活率且能促进移栽苗尽快恢复生长。栽后5天内，为保持叶片湿润，每日的早、晚各喷水1次，5天后每2天喷1次，15天后停止喷水，之后转入正常管理。也可在苗圃地搭遮阳棚，于栽后每1～2h喷水1次，以后逐渐减少喷水次数，直至小苗正常生长发育为止。床苗移栽到大田苗圃，成活率可达95%以上。

7. 效果

采用全光照连续喷雾嫩枝扦插育苗技术，不仅生根快，生根多，成活率高，而且实现了苗床高密度育苗。当年移植于苗圃，大瓜枣经过1个生长周期的培育，70%以上苗木达到高度为0.8～1.0m、根径为0.8cm以上，可以出圃用于建园。该方法培育枣苗，设施简单，操作容易，投资少，可结合枣树夏季修剪，充分利用剪下的枝条，并且每年可进行2次苗床扦插育苗。育苗周期比传统的嫁接和大田硬枝扦插育苗缩短0.5～1年。这项育苗技术，可加快良种枣树的繁殖速度，值得推广应用。

（二）枣树归圃育苗技术

利用枣树优良品种萌生的幼小根蘖（图1-33），集中移入苗圃，继续培养成苗，是繁育主栽品种优质苗的简易方法。

图1-33 枣树根蘖

归圃育苗特点

归圃育苗的特点是方法简单，成苗根发达，能保持原有品种的性状，但成本较高，繁育系数低，育苗量受根蘖萌生数量的限制，成苗的纯度和种性受根蘖采集园片母树纯度和种性的影响。因而适用范围较小，仅限于品种纯一，有较大栽培面积，能供应大量根蘖的优良主栽品种。

下面介绍此法育苗的要点。

1. 圃地的准备

根蘖归圃育苗的圃地应选用有灌溉条件，排水良好，较肥沃的沙壤、黏壤或壤质土地。每亩施用 3000kg 圈肥，50～100kg 过磷酸钙，20～30kg 尿素做基肥，深耕 30cm 后做成苗畦。畦宽 70cm，畦长 10～30m，可由土地的坡度、土质和灌溉水源决定，以适应田间管理和灌溉。

2. 根蘖栽种的季节

根蘖栽种的季节由当地的气候条件和根蘖起苗的时间决定。北方枣麦间作的枣区，为便于种麦，枣树根蘖多在 9 月中下旬起挖，栽种育苗应和根蘖起挖同时进行，省去根蘖假植的工作。如根蘖挖起后，来不及栽种，可以假植到冻地前或翌春栽种。但假植要培土严密，灌水充分。落叶后剪梢、覆草和地膜，防旱防寒，防止根蘖根、茎抽干。远地购苗栽种，宜在 10 月下旬根蘖落叶后，到冻地前进行，做到随挖，随运，随栽。也可采用假植良好的根蘖落叶后，到冻地前进行，做到随挖、随运、随栽。也可采用假植良好的根蘖秋栽或春栽。北方的纯枣园和不种冬麦的农枣间作区，以落叶后秋栽为宜，借助秋季气温较高的有利因素，减轻起苗到栽种期间，苗根因裸露可能受到的干旱损伤。南方冬季温暖、湿润，土地都不封冻，从落叶到翌春发芽期，都可栽种。

3. 根蘖的采集和包装运输

为了保证根蘖的纯度和优良种性，采掘根蘖前，应识别所需良种根蘖的形态特点，以便采掘时能分别品种，防止混杂。采掘时，挑选成熟，高 20cm 以上，发育良好的根蘖。要挖好侧根，尽可能带一段 15cm 左右长的母根。掘出后地上部留茬 5cm，剪除苗梢，然后蘸上含 1000mg/kg 吲哚乙酸和萘乙酸的泥浆（吲哚乙酸和萘乙酸有促进发根成活和生长的作用），包装防旱。一两天内近距运输栽种的根蘖，蘸上泥浆后，可装在塑料编织袋内运输，并在每袋中填放 2kg 吸足水的锯末防干。

4. 栽苗、灌水和覆膜

根蘖按 30cm×40cm 的密度挖沟栽种。栽种要求保持采掘前原生长深度，栽后踏实苗行两侧的松土，灌透水，使土壤与苗根密接。水渗干后，培土覆盖苗茬，然后覆盖地膜。

5. 栽后管理

（1）放茬抹芽。根蘖发芽后，在苗茬部位割破地膜，放出苗茬。每株选留 1 个壮芽，抹去赘芽。

（2）灌水保墒。春后到 7 月前每两周检查苗畦墒情一次。发现 10～20cm 土壤的含水量低于 12％（壤土）时，及时浇水一次。每次水量不宜过大，以免降低地温，延缓发根生长。

（3）追肥和防治虫害。新芽高 15cm 前后，开始叶面追肥，喷施 0.3％尿素和 0.5％磷酸二氢钾和混合液，每隔两三周一次，连续喷施 3～4 次，促进幼苗发根生长。苗高 20cm 左右，可以开始土壤追肥。发现害虫、害螨，及时选用农药防治。根据目前的研究结果，枣苗圃地耕作层的全氮、五氧化二磷和氧化钾含量，以 100mg/kg、50mg/kg 和 50～100mg/kg 最适宜。我国土壤一般氮磷含量偏少，因此苗圃地每年应分 3～4 次追施氮肥，每次每亩可酌情施用尿素 10～15kg。磷肥容易固定，应在整地时与圈肥掺和一起施入。土壤水分，生长季中以保持在 14％～18％为佳。

相关链接

冬枣高接换头技术

1. 接穗的选择

接穗应从生长健壮、丰产稳产、品质优良、无传播性病虫害的母树上选取，选取的接穗要生长健壮、芽眼充实、粗度为 0.4～0.6cm 的一年生枣头或二次枝。采集后应妥善保存，进行封蜡处理。蜡封后的接穗，应置于温度为 0～5℃、相对湿度在 90％左右的冷库中存放，随用随取。

2. 嫁接时期和方法

春季枝接是冬枣树高接换头的最佳方法，一般采用劈接和插皮接两种接法。

(1) 劈接：在冬枣树发芽前半个月即可进行。首先在距地表 5～10cm 处剪砧，断面要平。然后用嫁接刀沿断面从正中心垂直切下 2.5～3cm 的切口，再将接穗削成 2～3cm，呈双马耳形（靠外一侧要稍厚）的切口，接穗基部断面呈近三角形，芽位于楔形削面窄边的上部。接穗削好后，迅速插入砧木裂缝内，使接穗削面较厚的一侧在外与砧木形成层对齐，接穗削面露出 2～3mm 在劈口外面，即稍露白。接好后用塑料条严密包扎嫁接处和接穗切口，既防水分蒸发，又能固定接穗。

(2) 插皮接：在冬枣树萌芽后至 5 月下旬都可进行。嫁接时，在适宜部位上（低接距地面 5～10cm，高接选接枝条的直径 2～4cm 粗）剪断砧木，再用修枝剪自上向下划一口，深达木质部，剥开皮层，呈三角形裂口。然后在接穗下端 2～3cm 处，向下斜削长 2～3cm 的单斜面，呈马耳形，把接穗削面对准砧木木质部轻轻插入砧木皮层即可。插入接穗削面的上端稍露白。绑扎方法同劈接。

3. 嫁接后管理

由于养分相对集中，在砧木基部会产生一些萌蘖，为保证根系吸收的养分充分供应接穗的生长，应坚持 3～4 天清除萌蘖 1 次，清除 2～3 次即可。在嫁接时选用了二次枝做接穗，一部分接穗成活后直接长出枣头，而另一部分萌芽后长出枣吊。只要从基部留 0.5cm 全部剪掉，一般在 7 天左右就可以长出枣头。春季常有大风，当嫁接苗长到 20cm 时，采用插皮接法所生的嫁接苗，应及时在砧木上绑一根木棍或竹竿，将新梢松紧适度地绑缚固定，避免风折。绑扶要连续进行两年，并随时检查。劈接的苗木一般不需要绑扶。当嫁接新梢长到 8～9 个二次枝时进行摘心，以促进二次枝生长。嫁接后的冬枣树，新梢幼嫩，很易受病虫危害，主要是防止枣瘿蚊危害。在萌芽期，喷 1～2 次 25％灭幼脲 3 号 2000 倍液，可有效防治枣瘿蚊。当嫁接苗成活后，生长旺盛，需肥水量大，应及时追肥浇水，浇水后要进行中耕除草。注意及时检查接穗成活情况，没有成活的接穗要及时进行补接。

思考与训练

1. 酸枣种子怎样采集、贮藏与处理？

2. 枣树接穗怎样采集、贮藏和蜡封？

3. 试述枣树劈接方法。

4. 试述枣树插皮接方法。

5. 试述枣树腹接方法。

6. 枣树全光雾插育苗苗床的温度、湿度、光照条件是一种什么状态?

7. 枣嫩枝扦插怎样选取插穗?

8. 枣扦插苗移栽后怎样管理?

9. 枣归圃育苗根蘖怎样采集和包装运输?

第四节　枣树的栽培管理

任务描述

　　果园管理水平的高低,决定着果树商品化生产的效益。通过科学的管理,提供适宜枣树生长发育的条件,才能使枣树生产优质、高产。

　　本次学习任务分为三项:土肥水管理、整形修剪、花果管理。通过学习掌握枣树土肥水管理的技术要点;学会枣树的整形修剪方法;掌握枣树花果管理的技术要点。

一、土、肥、水管理

(一)土壤管理技术

　　枣树对土壤的要求不是很严格,但是,加强对土壤的管理,有利于提高枣树根系的生命活力,从而促进树体的生长发育,达到丰产、稳产的效果。

　　1. 深翻改土

　　深翻改土分为扩穴深翻和全园深翻。扩穴深翻结合秋施基肥进行,扩穴也是改良土壤的有效措施之一。全园深翻结合果园耕翻完成。深翻可有效地松动土壤,增加其通透性,有水浇条件的枣园可常年进行深翻,无水浇条件的可在雨季进行深翻。同时,在深翻的过程中可施用有机肥和作物秸秆,增加土壤中有机质的含量,提高土壤肥力。

 **扩穴深翻的方法**

　　从定植穴外开挖环状沟,宽度为50cm左右,在沟内施入有机肥和作物秸秆,然后把沟埋上,土壤回填时混以有机肥,表土放在底层,底土放在上层,然后充分灌水,使根土密接,逐年外扩,直到覆盖全园为止。

　　2. 中耕除草

　　实行清耕制的果园,在生长季降雨或灌水后,及时中耕除草,保持土壤疏松,以利调温保墒。中耕的深度一般为 5～10cm，在浇灌或雨后进行，一年 3～5 次。深耕要根据土壤的厚度进行，较厚土壤深耕的深度一般为 25cm 左右，较薄的土壤可相对浅一些，在春季配合施基肥进行，另外对枣园要及时除草。

3. 树盘覆盖和埋草

覆盖材料可选用麦秸、麦糠、玉米秸及田间杂草等，覆盖厚度为 10～15cm，上面少量压土。连覆 3～4 年后，结合秋施基肥浅翻一次；也可结合深翻开大沟埋草，提高土壤肥力和蓄水能力。

图 1-34 行间种花生

4. 种植绿肥和行间生草

有灌溉条件的枣园提倡行间生草制。行间间作三叶草、毛叶苕子、扁叶黄芪、花生（图 1-34）等绿肥作物，通过翻压、覆盖等方法将其转变为有机肥。

（二）施肥技术

1. 基肥

施基肥应突出"早、饱、全、深、匀"的技术要求，即施肥时间要早，数量要足（占全年施肥量的 70％以上），成分要全（有机、无机、大量、微量元素相结合），部位要深（根系集中分布区内），搅拌均匀（有机与无机、肥与土）。

1）时期

基肥宜于秋季（9 月中旬至 10 月中旬）施入，越早越好。各地经验表明，基肥秋施比春施好，早秋施比晚秋或初冬施好。这是因为：一是此时气温较高，土温适宜，水分充足，易被根系吸收利用，有利于提高肥效。二是有利于提高树体营养贮藏水平，协调营养生长与生殖生长的关系。肥料中的速效养分易被正处在第三次生长高峰的根系吸收，增强了秋叶功能，养分积累多，使得枣股充实、饱满，后期枝条发育良好，为来年开花坐果奠定了基础；而迟效养分经较长时期的分解，春季被陆续吸收均衡利用，提高二次枝质量，并促使枣头及时停长，为花芽分化创造条件。三是有利于根系更新复壮，提高了养分吸收、合成功能。早秋根系正值最后一次生长高峰期，受伤根系易愈合恢复，有利于促发新根，且多为有效吸收根。四是提高土温，保持水分，增强树体的越冬抗寒能力。五是避免新生枣头徒长引起枝条"抽干"或幼树"风干"。

2）种类

基肥种类以生物有机肥、厩肥、堆肥、沼肥、复合肥、绿肥和秸秆等为主。基肥在土壤中经生物菌逐渐分解，肥效发挥平衡而缓慢，可源源不断地供给树体需要的大量元素和微量元素。

3）施肥量

一般认为，有机肥（农家肥）施用量亩产 1000kg 以上的枣园应达到"每千克鲜枣 1.5kg 肥"；亩产 2000～3000kg 的丰产园应达到"1kg 鲜枣 2kg 肥"的标准。在适生区尤其最佳优生地区施用有机肥越多越好，同时配施少量速效化肥。

4）施肥方法

根据树龄和栽植密度选择施肥方法，适宜的施肥方法既有利于肥料被根系吸收，也可减少肥料损失。枣园施肥方法主要有全园施肥、环状沟施肥、放射状沟施肥和条沟施肥。

（1）全园施肥适于成年树和密植树。先将肥料全园铺撒开，用耧耙将肥料和土混合或翻入土中。施肥后配合灌溉，效率高。生草条件下，将肥撒在草上即可。

（2）环状沟施肥（图 1-35）：适于幼树和初结果枣树，太密植的树不宜采用。环状沟应开于树冠外缘投影下，施肥量大时沟可挖宽挖深一些。施肥后要及时覆土。

（3）放射状沟施肥（图 1-36）：用于成年树。栽植密度过大的树不宜采用。由树冠下向外开沟，一端起自树冠外缘投影下稍内，一端延伸到树冠外缘投影以外。开沟 4～6 条，沟的宽度和深度由肥料多少而定。施肥后覆土。第二年施肥时，沟的位置应与上年的沟错开。

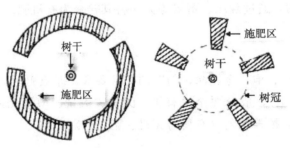

图 1-35　环状沟施　　　图 1-36　放射状沟施肥

（4）条沟施肥：便于机械或畜力作业，效率高。为国外许多枣园所采用。但要求枣园地面平坦、条沟作业与灌水方便。大枣树行间顺行向开沟（可开多条），随开沟随施肥，及时覆土。

2. 追肥

1）土壤追肥

应根据树龄、树势、产量和土层、土质而定，突出"准、巧、适、浅、匀"的技术要求，即有针对性选准肥，追肥时间宜巧（及时），种类、数量宜适，部位宜浅（氮肥稍浅，磷肥、钾肥、碳铵略深），搅拌均匀。

（1）追肥时期：枣树施肥必须根据枣树的需肥规律，进行适时适量追肥才能及时发挥肥效，促进枣树吸收、生长，提高产量及品质。

枣园土壤追肥以萌芽期、坐果期、果实膨大期、果实生长后期 4 个时期为主，追肥 4 次。

萌芽前追肥（又称催芽肥）。这时营养消耗多，本次追肥应以氮肥为主，以促进抽枝展叶和花蕾的形成。此次追肥北方枣区一般多在 4 月上旬进行，特别是秋季未施基肥的枣园，此次追肥尤为重要，不但可以促进萌芽，而且对花芽分化、开花坐果都非常有利。

坐果期追肥，即大量开花后期，这时需氮量大，每株应追施尿素 0.5～1kg，可促开花坐果，提高坐果率。枣树花芽为当年分化，多次分化，随生长随分化，分化时间长，分化数量多。花期及时补充树体营养，不但可以提高坐果率，而且有利于果实的生长发育。

果实膨大期追肥，枣树第一次落果后，果实迅速生长，如肥水不足，则影响果实的发育甚至落果。此次追肥以7月中旬为宜，除追施氮肥外，配合施入磷钾肥，以满足枣果发育对磷、钾元素的需求，提高果实品质。

生长后期追肥。8～9月追肥对促进果实成熟前的增长、增加果实重量及树体营养的积累尤为重要，特别是对于结果多的植株更不容忽视。

（2）影响追肥种类、数量的因素。

因树追肥。旺长树提倡"枣头一次枝停"追肥，多以磷钾肥及中微量元素为主，避免施用氮肥，可缓和长势。衰弱树应在枣头旺长前追施速效肥，以氮为主，有利于促进生长，具体时间：①在萌芽前配合浇水追肥，或追后加盖地膜；②在新梢旺长前配合浇水追，或夏季借雨追，恢复树势；③结果壮树应着眼优质稳产，维持树势，应在果实生育中后期追，以钾磷肥为主，适量配合氮肥，加速果实增大，促进增糖增色。

因地追肥。沙质土枣园易漏肥漏水，追肥宜少量多次浇小水，多施有机态肥和复合肥，防止肥料淋溶流失。黏质土枣园保肥保水力虽强，而透气性却差，追肥宜减次增量，多配合有机肥或局部优化施肥，提高肥料的有效性。盐碱地枣园因酸碱度高，磷、钾、硼等多种营养元素易被固定，应多施有机无机生物菌肥和微肥，或施多元素复配专用肥，以及多应用生理酸性肥料调节酸碱度，采用"穴贮肥水"法优化局部土壤等。

2）根外追肥

根外追肥主要是叶面喷肥，将肥液喷布于树冠，营养物质通过叶子、枝干等的气孔和角质层进入组织内，是根外追肥的主要方式。叶面喷肥分配匀，用量少，肥效快，效果好，而且不受生长中心和土壤淋溶、固定，方法也简便易行。在生产上主要是补充微量元素和部分大量元素，如钙、锌、硼、铁、氮、磷、钾等。

小知识

常用肥料的安全喷施浓度：

尿素：0.2%～0.3%；

过磷酸钙：1%～5%浸出液；

草木灰：3%～10%浸出液；

腐熟人尿：10%～20%；

硫酸钾或氯化钾：0.5%～1%；

硼砂：0.1%～0.3%；

硫酸锌：0.05%～0.2%；

硫酸铜：0.02%～0.4%；

磷酸二氢钾：0.2%～0.3%。

提个醒

根外追肥最好选择无风阴天或晴天上午10点前、下午4点后进行。喷施浓度可根据当天的气温、湿度以及物候期等，在使用浓度范围内进行适当调节，一般气温高、空气干燥或处于萌芽、开花期浓度宜低，以免发生肥害。喷药时要喷布均匀，着重喷施叶背面，以提高肥效。喷肥可单独喷施，也可结合喷药进行，但一般不与石硫合剂、波尔多液等强碱性农药混合。

（三）枣园灌水与排水

1. 灌水

枣虽然耐干旱，但及时灌溉仍然是保证枣高产稳产不可缺少的措施。

灌水时期应根据土壤墒情而定，通常包括萌芽水、花后水、催果水和冬前水等。灌水后及时松土。水源缺乏的果园，采用树盘覆盖措施，以利保墒。提倡采用滴灌、渗灌、微喷等节水灌溉措施。当年移栽幼苗由于根系生长性能差，要多灌溉几次。雨季来临时，还要对枣园及时排水，以保证枣的生长。

2. 排水

当果园出现积水时，要利用沟、渠及时排水，尤其是平地果园要注意及时排水以防发生涝害。

二、枣树整形修剪基本知识

整形修剪是枣树栽培的一项重要技术。在加强枣树土、肥、水管理的基础上，进行整形修剪，才能平衡枝势、保持良好的光照状态、调整生长结果的关系，实现优质、高产、稳产。本次任务学习枣树整形修剪的基本知识。

（一）枣树整形修剪概念和意义

1. 枣树整形修剪概念

整形是人为地把树体造成一定的形状，使其形状符合其自身的生长发育特点的技术。整形的目的是使主、侧枝在树冠内配置合理，构成坚固的骨架，并充分利用空间和光照，减少非生产性枝，缩短地上部与地下部距离，使果树立体结果，生长健壮，丰产优质。

修剪是对树体枝条进行剪截（机械、化学或物理方法），凡是能够控制枣树枝干生长的方法都可以称为修剪。修剪可以调节果树生长与结果的关系，它除完成整形任务外，还可使各类枝条分布协调，充分利用光照条件，调节养分分配，使果树早结果、早丰产、稳产，延长盛果期和经济寿命。

整形是通过修剪来实现的。

2. 枣树整形修剪的意义

通过整形修剪建立牢固的树体骨架，改善树冠光照条件；调节树体生长与结果，维持平衡，促进幼树结果，延长老树结果年限；更新复壮结果枝系，保持长期稳产、丰产。

整形修剪虽是保证丰产的重要措施之一，但必须与土、肥水管理，病虫防治等综合管理相结合，才可能发挥最大的作用。

（二）枣树整形修剪的特点

（1）不用考虑花芽的培养。枣树是多花树种，花芽与枣吊同时进行，且多次分化，多次结果。所以修剪上只要合理安排树体结构、层次清楚、通风透光，每年都能获得丰产。

（2）结果枝组稳定，生长量小，容易培养更新。着生于同一枣头主轴上的若干个二次枝组成一个结果单元——结果枝组。枣头一经摘心，便成为一个结果枝组，小的结果枝组可具有 3~5 个二次枝。对单轴延伸数年的枣头摘心则形成大型结果枝组，可具有二次枝 20~30 个以上。结果枝组形成后较为稳定，生长量很小，但连续结果能力很强，可连续十几年结果，当结果枝组衰老时，剪截其一部或全部疏除均可，故更新修剪工作简便易行。

（3）生长与结果的矛盾较为缓和。大量结果的枣树，枣头发生数量较少，所以，生长与结果的矛盾较为缓和。修剪时，只要注意骨干枝的培养、结果枝组的密度和枝龄的控制及按从属关系平衡各级枝式的长势即可。

（三）枣树丰产树形

枣树的整形，要按照枣树的生长和结果习性及行间作物的特点，本着有形不死、无形不乱的精神，因势利导，合理安排。在生产上表现比较好的丰产树形有主干疏散分层形、开心形。

1. 主干疏散分层形

树形有明显的中央领导干，主枝分三层，1~3 层为"3、2、2"。层间距为 1.2m 左右，第二层到第三层略小于第一层。主枝开张角度为 50°~60°，每主枝留 1~3 个侧枝，侧枝间距为 70cm 左右，一般树高 5~6m。

本树形的特点：主枝分层，上下错落，层间距大，侧枝排列规则，通风透光好，树体寿命长，是枣树较理想的丰产树形。

2. 开心形

树形没有中央领导枝，干高 1~1.5m，主枝与干呈三叉或四叉状结构。幼树较直立，随树龄增长逐渐开张，每个主枝上着生 2~3 个侧枝，结果枝组依空间的大小均匀分布在主侧枝的周围。

本树形的特点：树体较小，结构简单，整形容易，通风透光条件好，便于田间管理。

3. 其他树形

对于一些鲜食大果形的枣树密植园采用纺锤形（含圆柱形）、篱壁形、中心干大弯曲一层主枝半圆形、单轴主干形、自由圆锥形、小冠疏层形等树形。

（四）修剪时期与方法

1. 修剪时期

修剪一般分冬季修剪和夏季修剪。冬剪一般在落叶后到翌年枝叶流动前均可进行，但因枣树休眠时间长，愈合能力差，加之华北地区春季风大，冬剪一般在 2~3 月为宜，但习惯上仍叫冬剪；夏季修剪在 6 月下旬~7 月上旬，枣头生长旺盛阶段过后，开始减慢时进行。

2. 修剪方法

1）冬季修剪。

常用的有四种方法：疏枝、回缩、短截、缓放。疏枝就是将树冠内干枯枝，不能利用的徒长枝、下垂枝及过密枝以基部除掉的方法修剪，疏枝能起到使树体养分集中，疏密适度，通风透光，平衡树势的作用。对多年延长枝、结果枝回缩，可以抬高枝头角度，增长生长势，利于枝组的复壮和老树更新。短截就是把较长的枝条剪短，作用是增加下部养分，刺激主芽萌发，促其抽生新枝，保证树体健壮和结果正常。缓放即对一年生枝不剪，又称长放。

相关链接

枣头的培养利用与更新

1. 枣头的培养利用

（1）选留长放向外生长的枣头，以扩大树冠，如生长过长可以抹去顶芽。在骨干枝上同样选留生长健壮的枣头，作为背侧枝或边侧枝。

（2）每年萌发的枣头（图1-37），选生长健壮、部位合适的侧生的有大量二次枝和枣股的枣头，作为结果枝组。结果枝组不可过大、过密，一般50cm左右留一个。

（3）在多年生骨干枝上，留一部分枣头，以弥补树冠的空间。

图1-37 枣头

2. 枣头的更新

随着树龄的增长，结果增多，枣头萌发二次枝的能力逐年减少，枣股也随之衰老，结实力差。因此，枣头生长到6～10年时，对已经发现衰老的枣头要进行短截。并剪去剪口附近的1～2个二次枝，使其萌发新枣头。但有的枣头，由于结果量大，枝条被压弯，在弯曲部位的主芽又可萌发出新的枣头，这种自然更新的枣头要保留，回缩先端弯曲的老枣头。

此外，对过密枝、交叉枝，要从基部疏除，以减少养分的消耗；对下垂枝，特别是由枣股主芽萌发的枣头，细弱下垂，无结果能力者，必须疏除。

2）夏季修剪

（1）摘心：枣头萌发后，当年生长很快，在6月对枣头进行摘心，可提高坐果率。摘心程度，依枣头强弱和着生部位而不同。弱枝轻摘心，强枝重摘心，有空间的部位重摘心，可培养结果枝组。

（2）疏枝：在枝条旺盛生长季节，疏去无用徒长枝、过密枝、下垂枝，改善光照条件，避免消耗，都可提高坐果率。

（3）环剥：环剥可提高坐果率。对生长强旺，干粗（直径）10cm以上的结果树进行环剥，效果好。对弱树则不宜环剥。对密植树，为了提早结果，可隔行或隔株环剥。

相关链接

盛果期大树的修剪

盛果期大树，一般树势较弱，冠径不再扩大，结果基枝老化的比例增多，落花落果重。这类树的修剪，应以调整树体结构和疏剪无效衰老结果基枝为主。冬季修剪时，首先把枯死和已失去结果能力的衰老结果基枝及结果母枝、病虫害枝干清除，然后按照壮旺树的整形原则，分年调整好骨干枝的结构。对重叠、交叉的骨干枝和新萌生的徒长枝首先疏除，再适量疏除树冠外围和上层新生的重叠、交叉的结果基枝，使树冠上下、内外长势均衡，冠内通风透光。

放任树的修剪

1. 生长特点

大多表现有树无形，主侧不清，枝条紊乱，先端下垂，小枝衰老，大枝焦梢，通风透光不良，结果部位外移，坐果少，产量低。

2. 修剪原则

因树修剪，随树做形，既要照顾当前产量，又要处理好营养生长与生殖生长的关系，综合运用各种修剪手法，疏通光路，更新培养结果枝组，扩大结果面积，提高产量。

3. 修剪方法

（1）缩：对生长衰弱、下垂、干枯、焦梢骨干枝和大量死亡的结果枝组，以及内膛各骨干枝呈现秃裸状态的都应适当回缩。在回缩时要注意一次不要回缩太多、太重，以免影响当年产量，一般回缩至生命力较强的壮股壮芽处。若剪口下遇有二次分枝时，可将二次枝从基部疏除，促其萌生新枣头，有的因树势过弱，枣股（图1-38）过于衰老，回缩后当年不能抽生枣头，但能促其枣股复壮，使枣吊生长健壮，有效枣吊增多，并不影响当年产量。枣股复壮后第二年即可抽生枣头。

（2）疏：疏去过密、衰弱、无发展前途的骨干枝，以及轮生、交叉、并生、重叠、干枯、细弱、病虫害枝条，打开树冠层次，改善光照和通风条件。果农的经验是"疏大枝，腾地方，膛里膛外都见光"。对暂时保留的大枝，若枝龄小，粗度不大时，可拉成水平或下垂状态，减少对风光的影响，并抑制生长，使其多结果。

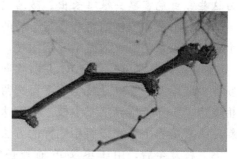

图1-38 枣股

（五）枣树不同年龄时期的修剪

枣树的一生经历幼树期、结果期和衰老期，每个时期的生长发育各有特点，修剪的原则、任务与方法各不相同。枣树生产要实现早产、优质、丰产、稳产的理想效果，必须掌握枣树不同树龄时期的修剪技术。因此，本次任务学习枣树各时期的生长特点、修剪原则、修剪方法。

1. 幼树整形修剪

1）生长特点

幼树定植后到结果期，顶芽萌发力强，自然分枝少，单轴延长生长，主干周围主要是枣头二次枝，树冠很小。7～8年后，逐渐形成侧生枣头，树冠扩大，枣股和枣吊也出现得较多，自然形成的树干高、骨干枝少、骨架不牢固、树冠形成年限长。

2）修剪原则

促生分枝，选留强枝，开张角度，扩大树冠，培养枝组，疏截结合，控制生长，促进结果，使其形成合理的树体结构，为加速幼树提早成形和早期丰产奠定基础。

3）修剪方法

以主干疏散分层形（图1-39）为例。

图 1-39　主干疏散分层型

（1）定干：根据近年观察，幼树定干以早为好。早定干，早增加枝量，有利于早期丰产。定干高度因品种、种植方式和土壤条件不同而异。一般长势强的品种，土壤肥沃和长期实行枣粮间作，为耕作方便，应定干在1.5m左右。生长势弱的品种，土壤瘠薄和单一种植枣园，定干高度可为80～100cm。

定干整形在早春发芽前进行。定干后，先将剪口下第一个二次枝由基部疏除，利用主轴上的主芽抽生枣头培养中央领导枝。其中选3～4个二次枝各留1～2节短截，促其萌发枣头，培养第一层主枝，对第一层主枝以下的二次枝应全部疏除，以减少养分消耗，加速幼树生长。

提个醒

幼树定干后到发芽季节会长出新枣头，这时要注意防治绿盲蝽象、枣瘿蚊等，否则因为这些害虫危害枣头很难长出。防治这些害虫可选溴氰菊酯、敌敌畏等。

（2）主枝和侧枝的培养：定干后的翌年选一个生长直立强壮枣头做中心干，下部选三个方位好、角度适宜的做第一层主枝，其余可疏除。第三年中心领导枝在120cm高处短截（如生长差，可在下年进行），并剪除剪口下第一个和第二个二次枝，利用主干上主芽抽生新枣头继续做中心领导枝。以下再选留和第一层错落着生两个二次枝，各留2～3芽短截，粗度为1.5cm，培养二层主枝。粗度达不到1.5cm者，应以基部疏掉，刺激主干主芽萌生新枣头来培养主枝。以后用同样的方法来培养第二次主枝。

主枝发生后，由于枣头单轴延长能力强，不发生侧枝。因此，对各层主枝都要在60cm处短截，并剪去剪口下1～2个二次枝，使其前生斜向生长的新枣头，分别培养成侧枝和延长枝。如主枝生长势弱（粗度小于1.5cm）可缓一年进行，每层主枝培养侧枝数一般为1～3个。

（3）辅养枝的利用和控制：除选留固定的主侧枝外，对新生枣头只要不影响通风透光和主侧枝的生长，可暂作辅养枝保留利用，以制造养分，增强枝势。辅养枝的修剪方法，起初可按照主枝的方法短截，但剪截程度要重于主枝，一般可留3～4个二次枝，控制延伸长度，以保证主侧枝的生长优势。3～4年后，随着主侧枝的延长加粗，要逐步控制辅养枝的生长，使其大量结果，争取早期丰产。对一些延伸过长，没有利用价值的辅养枝要逐渐回缩或疏除。

（4）结果枝组的培养：总的要求是，枝组群体左右不拥挤，个体之间上下不重，使其均匀地分布在各主侧枝上。其方法是随主侧枝的延长，以培养主枝的同样手法，促使主枝和侧枝发生枣头。然后依据空间大小，枝势的强弱，来决定枝组的大小和密度。一般主侧枝的中下部，枣头延伸空间大，长势强，可培养成1.5m长的大型枝组，当枣头达到所需要长度之后，及时摘心，促其下部二次枝加粗生长。若生长势弱，达不到要求，可缓放一年进行。主侧枝的中上部，枣头长势强，使延伸空间小，为保证通风透光条件，层次清楚，宜培养成 80～100cm 长的中型枝组，安插在大中型枝组空间。各枝组的距离一般保持100cm 左右。多余萌发的枣头，应以基部疏掉，以节省养分，防止相互干扰。以后随树龄的增大，主侧枝的延长，仍按上述方法培养不同类型的结果枝组。

2. 结果树的修剪

对象是 10 年以上到 40～60 年，有些可达 100 年的枣树。目的是使通风透光好，结果能力强。

1）生长特点

枣树成形以后，逐渐进入盛果期，树冠大小基本稳定，树姿开张，生长势渐弱，枝条逐渐弯曲下垂，交叉生长，中下部二次枝及内膛枝容易枯死，结果部位外移，枣股衰老，枝组出现自然更新现象。

2）修剪原则

疏截结合，集中营养，维持树势，疏除部分大枝，更新结果枝组，培养内膛枝，使内外立体结果，防止结果部位外移，并注意树体结构合理，通风透光条件好。

3）修剪方法

（1）清除无用枝，改善光照条件（图 1-40）。随着结果量的增加和树龄的增加，主侧枝和结果枝组先端容易下垂，再加之外围常萌生许多细小枝条，形成局部枝条过密，互相拥挤重叠，光照不良导致枝条大量死亡和衰老。所以，在冬剪或夏剪时，应及早疏除干枯、病虫枝、徒长枝等无用枝条。就是常说的除红留灰，除弱留强，然后再疏除回缩交叉枝、重叠枝和密挤枝，打开层次，疏通光路，减少无效消耗。

图 1-40 无中心干（透光好）枣树结果状

（2）疏、缩、放结合维持树势。对树高和树冠幅达到要求后，就要控制其继续扩大，集中营养促进结果。因此，对不需要再延长的主枝顶端萌发的新枣头，结合夏季修剪疏除或留 2～3 个二次枝摘心，使其结果。如树势过旺，主枝顶端枣头多，难以控制时，可选一个壮头甩放（不摘心、不短截），其余的疏掉，待 1～2 年后，在下段枣头选一分枝处进行回缩。相反，树冠小，主侧枝需继续延长，枣头可进行短截培养新的枣头，若枣头生长过弱，可缓放不动，待枣头主轴加粗后再短截，这样才能抽生强壮的枣头。

在主枝先端下垂、开始衰老、产量低的情况下，应及时对主枝加重回缩，恢复树势，并及时培养以弓背处萌发的新枣头做更新枝，代替主枝延长枝。

（3）更新结果枝组。枣树结果枝组寿命虽长，但也要经过幼龄、壮龄和衰老死亡阶段。据观察枣股的结实力，以 3～7 年为最强，幼年和老年枣股较差。为使全树保持较多的结果能力强的枣股，要不断地对枝组合理更新。更新常用的手法有控制、短截、回缩、培养。

在结果枝组已达到所需长度之后，对先端和二次枝中上部枣股所萌发的新枣头，要及早以基部疏除，以减少养分消耗，维持中下部的结果能力。对二次枝基部萌发的枣头，可根据具体情况，加以疏除或利用。进入衰老期的枝组，在中下部适宜位置，短截二次枝，促其萌发枣头，若在枝组中下部由潜伏芽或由二次枝下部的枣股抽生出健壮枣头时，则可培养1~2年，然后疏掉旧枝的梢部，以新换旧代替原枝组。因树势衰弱，自然发枝力小或树冠比较郁闭的植株，除加强肥后管理外，可将衰老枝组先端回缩、重截，减少生长点，集中营养，刺激后部或附近骨干枝上的隐芽萌发，促生新枣头，培养新枝组，占领空间继续结果。衰老枝组附近萌生出健壮枣头时，可进行摘心培养成新枝组，若新生枣头方向不适宜，可结合夏季修剪，选择顶端二次枝的方向进行诱导，或采用拉、别等方法调整枝位。

（4）骨干枝的调节改造。对主侧不清、枝条紊乱、光合效能差的枣树，在不影响当年产量的情况下，对一些无用或无发展前途的骨干枝，逐年有计划地疏除或改造成结果枝组，使留下的骨干枝能按一定方向生长发育，改善树冠不合理结构。

3. 衰老树的更新复壮

做好老树的更新复壮工作，是解决老树低产质劣的一项有效措施。因枣树与其他果类不同，它的潜伏芽寿命很长，具有很强的再生力，只要根系和主干未受损伤，仍然能萌发枣头，正常生长，开花结果。

1）衰老树特征

树势极度衰弱，枝条生长衰退，无效枝逐年增多，各类结果枝组和多年生枣头上的二次枝大部分死亡。枣股老化，抽生枣吊能力显著降低，枣头生长短而少，枝条细弱开花少，坐果率低。

2）修剪原则

根据树势及枣股老化状况、树体年龄灵活运用疏、截、缩、留的不同手法，处理主、侧枝及结果枝组，使潜伏芽萌发新枝，重新形成新的树冠，延长结果年限。

3）更新方法

（1）疏截结果枝组。适用于衰老程度较轻，结果枝组刚开始大量衰亡的树株。冬剪时对衰老的枝组全面回缩疏截。已经残缺而结果基枝很少的枝组，可以从基部疏除，或保留2~3个完好的结果母枝，其余部分截疏，较完整的枝组缩剪1/3~1/2，集中养分，促发新枝。

（2）回缩骨干枝。适用于衰老程度较重，结果枝组大部分衰亡，骨干枝系、枝梢部分开始干枯残缺的树。回缩更新时，除大量疏除衰老残缺的结果枝之外，对骨干枝系也按主侧层次回缩，回缩长度应超过枝长的1/3~1/2。回缩部位的剪口直径应超过5cm，剪口下需留出向上的隐芽或结果母枝。为防止失水干枯，影响剪口芽萌发，剪口芽以上应留出5cm长的枝段。

（3）停枷养树。这是我国有枷树习惯的枣区复壮树势的经验。停枷的树株坐果大量减少，甚至停止结果，因而有利于树体的营养生长，较快恢复树势。老弱树停枷的第一年，叶片明显增大变厚，叶色加深，第二年发育枝开始大量萌发，生长量过大，第三年新的树冠基本形成。因此停枷三年后又可投产。停枷配合更新修剪、增施水肥等措施，可加快树势的恢复过程。

（4）调整新枝。更新缩剪刺激萌发的发育枝很多，常密挤成丝，如任其自然生长，则形成密集丝状的冠形，不仅树冠小、枝系弱，而且因透光差，会很快出现膛内自疏现象，达不到更新复壮的目的。为此以更新修剪的第二年起要进行新枝的调整修剪（更新的第一年发枝少，树冠稀疏，为保存较多的叶片，较快恢复树势，一般不做调整修剪），即按照幼树整形修剪的原则，选择部位好、长势强的发育枝，作为骨干枝新的延长枝培养，并配置好结果枝组。细弱密枝要适当疏除，可用摘心和撑、拉、别等方法，调整、控制各个新枝的长势和角度，使之较快重新形成比较理想的树冠，恢复产量。进行更新复壮，必须同时加强水肥管理，提高营养水平，才能达到较好的更新效果，如果先缩剪疏枝，不施肥，一般不会抽生出很多发育枝。尽管更新修剪剩留的结果母枝抽生的结果枝生长量有所增长，但因全树叶面积急剧减少，迟迟不得恢复，反而使根系削弱，树势进一步衰退。

相关链接

夏季如何修剪枣树

夏季修剪枣树，可控制枣树的生长发育，减少养分消耗，复壮树势，扩大结果面积。夏剪枣树，一般可在新枣头长到30cm以上时分期进行。具体方法如下。

疏枝：疏除膛内过密的多年生枝和骨干枝上萌生的新枣头。凡位置不当、不计划留作更新枝用的，都要尽早疏除。

摘心：就是剪掉枣头顶端的芽。一般摘掉幼嫩部分10cm左右，摘心部位以下，保留4～6个二次枝。对幼树中心枝和主、侧枝摘心，能促进萌发新枝；对弱枝、水平枝、二次枝上的枣头轻摘心，能促进生长充实；对强旺枝、延长枝、更新枝的枣头重摘心，能集中养分，促进二次枝发育，增加枣股数量，提高坐果率。

整枝：对偏冠树缺枝或有空间的，可将膛内枝和徒长枝拉出来，填补空间，以调整偏冠，扩大结果部位。对整形期间的幼树，可用木棍支撑、捆绑，也可用绳索坠、拉，使第一层主枝开张角度保持在60°左右。

抹芽：将主干和骨干枝上萌生的无用嫩芽抹去，以节省养分。

缓放：对留作主枝及侧枝的延长枝及主果枝，当年枣头不做处理，使其继续生长，扩大树冠，增加结果面积。

除蘖：对根部滋生的根蘖，如不打算留作种苗的，要及早铲除，减少养分的消耗。

三、花果管理

（一）枣树落花落果的原因

枣树是多花树种，开花多，坐果少。根据不同品种观察，一般自然坐果率只有0.6%～1.2%，老龄枣树更差，仅有0.1%～0.4%，如图1-41所示。

图 1-41 枣盛花期

枣树落花落果的原因：

（1）枣树本身的特性。枣树的花芽是当年分化、当年形成，花量大，使得营养消耗偏多。在枣树的年生长周期中，花芽分化、枝条生长、开花坐果及幼果发育几乎同时进行，物候期严重重叠，各器官间养分竞争激烈，营养生长和生殖生长的矛盾尖锐，致使枣树落花落果严重。

（2）枣园的立地条件和管理水平。立地条件好、管理水平高、营养充足时枣树坐果率较高；光照不足、营养缺乏时落花落果严重。

（3）花期的气候条件。枣树开花需要一定的温度，最适温度为 23～25℃，温度超过 27℃、低于 20℃则影响开花坐果。适宜湿度为 70％～80％，空气过于干燥，相对湿度低于 40％～50％，影响坐果。花期多风、高温会出现"焦花"现象，影响花粉发育。低温（20℃以下）和阴雨天气，会出现雨水浸花，柱头分泌物被冲淡或流失，使花粉发芽率降低。

（二）枣树保花保果技术

花期管理技术如下。

（1）花前追肥。在 4 月末 5 月初追施尿素 1.2kg/株；缺磷、钾的枣园，可加施过磷酸钙 2.0kg/株、氯化钾 1.0kg/株；初花期和结果期可在树冠上部喷施 0.2％尿素和 0.2％磷酸二氢钾进行根外追肥；盛花期每隔 10 天喷一次 20mg/kg 赤霉素和 0.2％～0.3％硼的混合液，共喷两次。

（2）花前治虫。在 3 月挖除枣尺蠖越冬蛹，并用草绳毒环防治枣尺蠖和枣飞象成虫，4 月中下旬和 5 月下旬各喷菊酯类农药 3000 倍液 1 次即可。

（3）花前摘心。花前对不做骨干枝的枣头，当枣头上出现 4～5 个永久性二次枝时，留 3～4 个二次枝摘心。因枣头出现的早晚不一，故摘心要分期进行。

（4）花期环剥（图 1-42）。在盛花期环剥，可暂时中断叶片所制造的养分向下运输，从而满足开花坐果及幼果早期发育所需。具体方法是，在距地面 10～20cm 高的树干上，环切两圈，切口宽 5～7mm，深达木质部，取出韧皮部。要求剥口不留残皮，不出毛茬，以利愈合。以后每年间隔 3～5cm 向上进行，到

图 1-42 花期环剥

主枝分杈处再回剥。环剥要因树而宜，对幼树、弱树不宜环剥。

提个醒

环剥后要涂药防虫，否则甲口极易遭受皮暗斑螟为害，使甲口不能愈合，严重时会造成枣树死亡。环剥要掌握三不剥原则，即小树不剥，弱树不剥，不到环剥时期不剥。

（5）花期放蜂。据调查，花期在枣园放蜂可提高坐果率 1 倍左右，增产 20%～30%，且蜂箱距离枣树越近坐果率越高。

（6）花期三喷。一是喷水。枣树花期空气相对湿度低于 60% 左右时，用喷雾器向枣花上均匀喷布清水，每隔 6 天喷 1 次，连喷 3 次；二是喷肥。在初花期和幼果期，叶面可喷施 0.3%～0.5% 的尿素和 0.1%～0.3% 的磷酸二氢钾水溶液。在花期喷洒 0.2%～0.3% 的硼砂或硼酸也能有效地提高坐果率。喷肥应在无风多云天气，或趁早上和傍晚进行。喷肥量以叶面湿润为度。三是喷生长调节剂。盛花期对强壮的树喷施 10～15mg/kg 的萘乙酸钠，或 5～10mg/kg 的 2,4-D。幼果期使用 30～60mg/kg 的萘乙酸，或 30mg/kg 的 2,4-D 两次（间隔 20 天），能有效防止其落花落果。

相关链接

枣树管理五误区

（1）只重视冬剪，而忽视夏管

枣树冬剪可调整树势，改善树冠内部的通风透光条件，有利于集中养分，改善翌年的枣果品质。冬剪长树，夏管结实。夏管的主要措施：除萌、摘心、拉枝、疏除过密枝及背上旺枝等。有些枣农不重视夏管，或夏管不及时，从而导致幼枣大量脱落。

（2）只重视地上管理，而忽视地下管理

有些枣农连续多年不给枣树施肥或象征性地浇水、施肥。这样，尽管地上部的管理工作井井有条，但由于地下营养缺乏，仍然会使树体极度衰弱，所产枣果数量减少，质量变差。

（3）只重视施化肥，而忽视施有机肥

长期施用化肥会导致土壤板结，土壤 pH 升高，枣果含糖量降低，品质下降，失去原有的风味。增施有机肥，可促进土壤微生物活动，改善土壤结构，提高养分的利用率。

（4）只重视采前管理，而忽视采后管理

枣果在采收前，枣农常对枣树进行管理，但采收后，大多数枣农就放弃了对枣园的管理。这种做法是不妥的，因为枣果采收后，消耗了大量养分，树体极度衰弱，此时正需要积累养分，为翌年丰产做准备。

（5）只注重杀虫，不注重防病

有些枣农认为，给枣树喷药，只要把食心虫防治住就行了。这种想法是不妥的，因为枣树的主要病害如枣锈病、缩果病对枣树危害同样严重，因而在管理时应尽量做到杀虫与防病并重。

（三）促进果实着色技术

果实着色状况受多种因素的影响，如品种、光照、温度、施肥状况、树体营养状况等。在生产实际中，要根据具体情况，对果实色素发育加以调控。

1. 改善树体光照条件

大量研究证明，光是影响果实红色素的重要因素。要改善果实的着色状况，首先要有一个合理的树体结构，保证树冠内部的充足光照。我国传统的枣树树形主要是疏散分层形，此树形树冠过大，且留枝量过多，会造成树冠郁蔽，冠内光照不良，目前，大量应用的纺锤形或开心形，改善了冠内的光照，提高了优质果的比例。

2. 树下铺反光膜

在树下铺反光膜，可显著地改善树冠内部和果实下部的光照条件，生产全红果实。铺反光膜一定要和摘叶结合使用，在果实进入着色期时开始铺膜。

3. 应用植物生长调节剂

应用生长调节剂促进果实着色，是果树工作者长期努力研究的课题之一，并取得了很大的成效。目前生产上已应用的主要有乙烯利等，如大枣等在成熟前喷施乙烯利 200～1000mg/kg，可明显促进果实的着色和成熟。

（四）防治裂果措施

裂果是枣生产中存在的严重问题之一。一般年份裂果浆烂率达 15% 左右，成熟期多雨的年份，高达 50%～80%。，易裂果品种一般年份裂果率为 50%～70%，严重年份达 95% 以上。给生产造成重大损失。枣果在接近成熟时含糖量增高，渗透势降低，吸水能力强，吸水后膨压增加，果实开裂。

影响枣裂果的因素主要有品种、果实糖、激素、矿质元素含量、果皮厚度和韧性、降雨量、栽培管理等。

（1）选择抗裂品种。不同枣品种抗裂能力不同。极易裂品种：壶瓶枣、无头枣、北京奓奓枣、金丝小枣、婆枣、骏枣、梨枣等。易裂品种：灵宝大枣、赞皇大枣、圆铃枣、灰枣、相枣等。中裂品种：晋枣、婆婆枣、北京泡泡枣、灌阳长枣等。抗裂品种：长红、柳林木枣、水枣、束鹿婆枣、连县木枣、湖南康头枣、小算盘等。目前多数抗裂性强的品种品质较差，应培育综合性状优良的抗裂品种。

（2）从幼果期开始每隔 15 天喷一次 0.2%～0.3% 的硝酸钙或氯化钙。

（3）在生长季干旱时及时浇水，保持土壤湿润，土壤湿度变化小可以降低裂果率。长时间干旱突然降雨导致裂果严重。

（4）加强植物保护，防止果面病虫害。

（五）枣果的采前管理和适时采收

1. 采前管理

9 月，枣树陆续成熟，枣果采摘前是提高枣果品质的关键时期，采前干旱失水或遇雨淹水、高温、外伤、病虫害，以及提早采摘等，都不利于枣果品质的提高。枣果进入着色成熟期，常发生未熟先落的采前落果现象。由于落果早，果实成熟度差、果肉薄、含糖量低、风味差，商品价值率大为降低。

采收前应注意以下栽培管理措施的实施。

一是加强病虫害防治。严格进行病虫害防治，保证果实完好。枣果带菌或有病虫害，采收后极易软化和霉烂。

二是做好灌水和排水。采前干旱会造成枣果蔫软，降低枣果品质。采收前干旱时，要进行适当的灌水，防治枣果蔫软。采收前降雨或枣园积水会增加裂果和鲜枣贮藏过程的过湿伤害。所以，采收前雨水过多时又要注意及时排水。

三是采前喷钙处理。钙质可与枣果体细胞中胶层的果胶酸形成果胶酸钙，对维持果实硬度、调节组织呼吸及推迟衰老有着重要作用。因此，枣果采前 30 天和 15 天分两次，喷施氯化钙浓度为 $0.2\%\sim0.5\%$ 的溶液，可增强枣果的钙素含量，有效抑制其成熟衰老过程，降低呼吸速率，减轻采前和采后的多种果实生理病害等，是提高鲜枣贮藏品质的一项良好辅助措施。同时，提高枣果钙素含量，可在一定程度上减少枣果的采前落果。

四是慎用生长调节剂。在枣果生长期间使用生长调节剂催熟、增产、增色、增甜等，一般会使枣果组织幼嫩，含水量增大，干物质含量相对减少，从而使枣果的抗病性及耐藏性降低。

2. 适时采收

适时采收是保证枣果品质的关键。枣果采收期的确定应符合加工、鲜食、制干以及运输和贮藏的需要，要依据保证质量，增加收益的原则，多方面判断确定。

一是依据果皮的色泽。枣果成熟过程中，在果皮色泽上会有明显变化，生产上大多是根据果色的变化来确定采收期熟度。色泽指标对不同品种而言差异较大，一般果皮颜色由深变浅，由绿转白，由白转红。市场销售鲜枣着色一般应在 50% 以上。

二是依据果肉硬度。枣果在成熟过程中，硬度减低，可以根据果肉硬度确定采收期。

三是依据枣果含糖量。根据枣果甜度、适口性来确定采收期。

四是依据果实脱落的难易程度。枣果成熟时，果柄和果枝间形成了离层，稍加触动，即可脱落，可凭此确定枣果采收期。

五是果实的生长天数。在同一环境条件下，各品种从盛花期到果实成熟，大致各有一定的日数，可作采收参考。鲜枣一般在脆熟期采收，此期果实肉脆味甜，鲜食适口性最佳。生产上鲜枣的采收期不能单纯根据成熟度来确定，还要从调节市场供应、运输、贮藏的需要，劳动力的安排，栽培管理水平，品种特性以及气候条件等来确定适宜的采收期。枣树品种在同一树上果实的成熟期很不一致，应分期采收，分期采收也有利于恢复树势。

思考与训练

1. 几种施肥方法，各有何优缺点？

2. 为什么根外追肥要着重喷在叶背面？

3. 试述枣树不同时期追肥的作用。

4. 通过实际操作说明枣树的整形修剪特点。

5. 调查枣树夏季摘心效果。

6. 通过枣树的修剪，观察修剪后的反应（如对枣头的更新修剪或枣树环剥等），并填表 1-1 中。

表 1-1　枣树修剪前后的变化

名称	修剪前	修剪后
枣头		
二次枝		
中心干		
主枝		
侧枝		

7. 幼树、结果树、衰老树各有什么生长特点？

8. 实践幼树的修剪方法。

9. 观察盛果期树的修剪反应。

10. 调查衰老树的修剪法反应。

11. 试述枣树落花落果的原因。

12. 提高枣树坐果率的措施有哪些？

13. 试述枣树开甲时期、方法及注意事项。

14. 试述枣采收前应注意的栽培管理措施。

15. 调查当地枣园花果管理的技术措施，分析其存在的问题，然后提出改进方案。

第五节　优质冬枣栽培管理技术

任务描述

　　冬枣是鲜食品中品质极上的一个品种。它外形美观，皮薄，肉质细嫩酥脆，口感极佳；营养丰富，维生素 C 含量为果品之最，被人们誉为"天然维生素丸"。优质冬枣深受市场青睐，售价高，效益好，很多果农靠种植冬枣发家致富。实现冬枣优质丰产栽培要求的技术较高。本次任务学习冬枣优质丰产栽培的配套管理技术。

案例分析

标准化冬枣让东营市枣农鼓起了"钱袋子"

　　昔日的"穷沙岗"如今变成了"生态园、经济园、游乐园"。冬枣树成为东营市河口区新户乡农民群众致富奔小康的"摇钱树"。

　　新户冬枣品质优良，甘甜清香，营养丰富，以"活维生素丸"的美称而闻名遐迩，深得广大消费者的青睐。然而在前些年，新户冬枣由于缺乏标准化种植，冬枣产品质量不高，出现了"枣贱伤农"的现象。针对这一情况，东营市河口区质监分局积极会同当地农业部门制定了《冬枣标准化生产技术规程》，规范冬枣标准化生产，对冬枣生产技术规程、产品质量要求、产地环境要求进行了规范，积极引导枣农严格按该规程进行种植。

　　为带动该乡冬枣标准化生产的顺利实施，东营市河口区质监分局还在该乡的东鲍井、老鸦两村指导建立了面积 3000 亩的冬枣标准化生产示范基地,以标准化的方式推广实施专业化、标准化生产管理,提高了冬枣品质和知名度,保护了新户冬枣品牌,带动了该乡 3.5 万亩冬枣园的标准化生产。

目前,该乡冬枣园达到 3.5 万亩,可产优质冬枣 800kg,创收 600 多万元,仅此一项人均纯收入超万元。优质冬枣吸引了来自北京、上海、浙江及山东省济南、烟台、泰安、青岛的 60 多家客商到该乡提前签订收购合同。为进一步让冬枣"活"起来,该乡还举办了"黄河口冬枣文化节"活动,吸引周边县区的游客到冬枣园采摘冬枣,使冬枣园变成了"经济园""游乐园",极大地增加了全乡枣农的经济收入。

靠标准化冬枣富裕起来的枣农,家家户户住上了新房,有的枣农甚至购买了小汽车。标准化冬枣着实让枣农鼓起了"钱袋子"。(东营市河口区质监分局 王可记)

中国质量新闻网 2009 年 9 月 18 日

一、栽植密度

通过对冬枣主产区调查发现,生产中冬枣有各种各样的栽植方式,株行距有 1m×2m、1m×3m、2m×3m、3m×4m、3m×5m、4m×5m、4m×6m 等,也有(2~4)m×(8~20)m 的枣粮间作形式。据试验,冬枣开始结果的 1~3 年,密植有助于前期高产。但后期随着枝叶量的迅速增多,叶面积不断扩大,当叶面积大到某一点后,受光面积不再因叶面积继续增大而增大,光合效率反而不断降低,内膛叶片变薄,功能降低,果实品质开始下降,

图 1-43 肖家峰的冬枣优质丰产密植园

这一点就是光饱和点。所以说,只有合理的株行距才能保证全园的通透性,实现光能的最高利用率,生产出优质果品。当全园冬枣树覆盖率达到 70%~80%,叶面积系数达到 4 左右时,冬枣品质与产量达到最佳值。适宜冬枣优质丰产的栽植密度为 2m×4m、2m×5m、3m×5m、4m×6m 及 2m×2m×4m、3m×3m×5m 的带状栽植。其突出特点是宽行密株。这种群体结构吻合冬枣喜光的自然属性,便于人工和机械化作业,易于实现提质增效的目的,如图 1-43 所示。

二、整形与修剪

目前,生产中采用的树形可以归纳为开心形、分层形、纺锤形和自然圆头形等。进入结果期前几年,树形对果实品质影响不明显,随着枝叶量增加和树冠扩大,开心形和分层形使果实更优质。调查发现,生产优质冬枣的树体结构具备以下特点:①骨干枝健壮牢固,角度开张,主枝、侧枝及结果枝组数量适宜、配置合理;②枝势健壮,层次分明,每层叶幕厚度不超过 1m,光能利用率高;③树冠大小适宜,整个果园通风透光良好;④枝龄适中,每亩有效枣股为 5 万~6 万个。

冬枣品质也与具体的修剪方法有关，在保证夏季修剪的前提下，当年回缩、短截、树势开张的结果枝组（开张角度大于65°但小于90°），萌芽早，花朵质量好，且开放早，坐果稳定，果实生育期长，品质优。因为冬夏剪相结合，既可以有效地改善光照条件，又使树体营养相对集中，营养得到合理的分配和应用。有目的地进行营养调控，促使树体从营养生长向生殖生长转化。

三、花果管理技术

（一）枣吊结果部位

冬枣花期长，花量大，坐果率低，仅为1%左右。枣吊的延长生长与花芽分化、开花坐果同步，在北方地区的坐果特征为基部1、2节不坐果或很少坐果，枣果主要结在第3、4节以后的节位上。其原因：在第1、2节位生长期间，北方地区气温低，树液流通性差，营养供应不足，导致叶片生长弱小，花芽分化不完全；从第3、4节位开始，随着各种条件的改善，花芽分化日趋完全，花朵质量和坐果率恢复正常。生产中，虽然枣吊中后部各节位都能坐果，但品质差异明显，先开的花朵坐果早，生育期长，生长充分，干物质积累多，果实大，品质好。因而，生产中提倡早花早果。

（二）花期开甲

开甲不仅能提高冬枣坐果率，也影响果实品质。开甲最适宜时期为花开30%～40%。开甲时间过早，一部分早期分化质量不好的花芽开花坐果，这部分枣果细胞基数少，发育基础差，导致果实品质下降；开甲时间过晚，多数花序的第1朵花花期已过，结出的果实晚，生长发育期短，也会导致品质下降。甲口愈合早晚会直接影响冬枣品质，甲口愈合过快，上下输导组织提前再通，光合产物大量向下运输，导致枣果营养不足，造成大量落果。剩余的幼果，表现为发育缓慢，果个小，干物质少，口感差，品质降低。甲口愈合过慢，根系长期处于饥饿状态，不能为树上叶片及时补给营养，叶片光合产物合成量少，果实养分积累少，同样导致品质下降，有时会造成树势衰弱甚至死亡。冬枣甲口愈合时间以30天左右为宜。

图1-44 处于生长发育期的冬枣

（三）合理负载

在各种保花、保果措施综合应用下，常常出现坐果量过多的现象，如果任其生长，势必影响品质，所以合理负载是保证冬枣品质的重要手段。负载量因树而宜，一般幼果期控制在500kg/亩左右，盛果期控制在1250kg/亩左右，最多不超过1500kg/亩。通过疏果实现冬枣树合理负载，从第1次落果后开始疏果，一直到采收前1个月。平均每枣吊疏留1～1.5个枣果，对于枣吊短弱、叶片光合能力差的枣吊，不留果。疏果时，选留头盘果，疏果越早，品质越好，如图1-44所示。

（四）膨大素使用

与其他果树一样，膨大素会严重影响果实品质。冬枣大量使用膨大素后，果皮增厚，果肉质地脆硬乏味，果面无光泽，并伴有绿色小颗粒凸起，果实畸形（由圆或扁圆变为锥形，失去了冬枣的固有性状）。膨大素的过量使用，会推迟成熟期，易受早霜危害。因此，生产上规定：植物生长调节剂只限用于开花坐果期，其他任何生长发育阶段严禁使用。

四、地下管理

（一）土壤

土壤的质地、土层厚度、透气性、pH、含水值、有机质等对冬枣的生长发育及品质有直接影响。从单纯的生长看，冬枣对土壤要求不严格。但生长在土层深厚、土质肥沃的壤土中的冬枣，根系深广，生长健壮，优质，丰产，稳产。黏重土壤通透性差，根系生长缓慢，根幅小，结出的果实表现为皮厚，枣核发育有趋大性，果肉呈黄绿色（冬枣果肉本色为乳黄），风味变淡。如果秋季雨量大，光照不足，会推迟成熟期。沙地土壤贫瘠且漏水漏肥，结出的果实，皮色淡黄。果肉疏松，缺乏酥脆感。对土壤质地不适宜冬枣生长的枣园，要通过扩穴、客土调剂等方法进行土壤改良。并做好中耕、深翻及除草等工作。

（二）施肥

冬枣具有寿命长、生育期长的特点，并且多数生育期重叠进行。冬枣树几十年、几百年处在一个生长点上，周而复始地汲取所需营养，势必造成大量营养元素匮乏，如果不能及时满足各器官对养分的需要，将导致树势衰弱，产量降低，品质下降。冬枣树200天左右的长生育期，对营养的需求是不间断的过程，如果仅靠常规的施肥方法，远远不能满足营养需要，必须在秋施基肥的基础上，需多次适量施肥，才能保证冬枣品质。施肥方法与其他枣树基本相同。冬枣有独特的需肥特点，果实成熟前，对钾的需求量高，此期钾肥供应不足，甜度下降，风味变淡，果实表面欠光泽。另外，叶面施肥对提高冬枣品质效果显著。在生产上，控制当年新生枣头数量是提高坐果率的重要措施之一，新枝量少，新叶量就少，也就是说，冬枣整个生育期光合产物制造任务主要由春季生长的叶片完成。叶面施肥可以不间断地激发叶片效能，从而增进营养积累，达到增进品质的目的，肥料以质量好、易吸收的磷钾肥及微肥为主。

钾肥的作用

钾肥含有钾，钾是作物的必需营养元素。其主要作用包括以下几个方面：①钾是60多种生物酶的活化剂，能保障作物正常生长发育。②钾促进光合作用，能增加作物对二氧化碳的吸收和转化。③钾促进糖和脂肪的合成，能提高产品质量。④钾促进纤维素的合成，能提高产品质量。⑤钾调节细胞液浓度和细胞壁渗透性，能提高作物抗病虫害、抗干旱和寒冷的能力。⑥钾促进豆科作物早结根瘤，能提高固氮能力。

（三）浇水

由于冬枣单叶面积较小，且叶面被覆厚厚的蜡质，较其他果树生育期需水量少，耐干旱。冬枣各生长时期对水分需求不同，冬枣萌芽至花前和果实迅速生长期，需要充足的水分供应；花期则需水量少，甚至适当的干旱，更利于坐果；而近果实成熟时切忌大水，尤其深机井低温水，会降低地温，不仅影响根系的正常吸收功能，同时导致枣园内昼夜温差减小，不利于糖分积累，从而降低果实品质。土壤黏重的枣园，会推迟成熟期。通过对大水漫灌、喷灌、滴灌三种浇水方式调查，滴灌是最利于提高果实品质的供水形式，不仅节约水资源，而且可以根据各生育期的需水特点，适时、适量供给，利于树体生长和果实发育。

五、农药使用

冬枣病虫害防治，尽量少使用农药，条件具备的情况下，可充分利用天敌和物理方法防治。通过培养一定数量的天敌，实现以虫灭虫；也可使用粘虫胶对红蜘蛛、枣黏虫等从树下沿树干向上爬行的害虫进行有效阻杀；利用大数量性信息素，可以杀灭雄蛾，大幅度地降低害虫交配产卵的数量；利用诱蛾灯消灭趋光、趋化性害虫成虫，降低成虫基数，进而降低卵量和幼虫量。通过以上方法，可以减少农药的使用次数与使用量，最终达到降低农药残留的目的，也等于提高了果实品质。有些农药在冬枣生长期应慎用，如波尔多液使用不当时，可以直接伤害冬枣幼果，使果面粗糙或花脸，同时造成叶片铁锈状，影响光合能力。

六、采收

采收时期直接影响果实品质。前些年，有些枣农为了提前上市，采用捋青进行表面上色处理，有了成熟外观，却无成熟品质，破坏了"鲜食枣品质之冠"的声誉，所以采收要适期。冬枣成熟一般分为白熟期、脆熟期和完熟期三个阶段，白熟期为果面由绿转白的阶段；脆熟期的果实果皮由梗洼、果肩开始逐渐着红色；完熟期的果实含糖量达到最高值，果皮渐变为紫红色。进入白熟期便可食用，如果准备长途运输或长期贮藏，可以此时采摘；脆熟期是口感最好的时期，适宜鲜食和中、短期贮藏；完熟期的果实只能用于临时贮藏，一般多用于加工。总之，只有综合各项技术措施，才能生产出优质冬枣来。

【相关链接】

冬枣的营养价值

冬枣鲜食可口、皮脆、肉质细嫩，品质极佳，是目前北方落叶果树中的高档鲜食品种；成熟后落在地上能开裂；汁多无渣，甘甜清香；可溶性固形物 35%～38%，肉厚核小，可食率达 96.1%。

冬枣营养极丰富。含有天门冬氨酸、苏氨酸、丝氨酸等 19 种人体必需的氨基酸，总含量为 0.985mg/100g；含蛋白质 1.65％；膳食纤维 2.3％，总量 17％；总黄酮 0.26％；烟酸 0.87mg/100g；胡萝卜素 1.1mg/kg；维生素 B_1 0.1mg/kg；维生素 B_2 2.2mg/kg；维生素 C 的含量尤其丰富，达 352mg/100g，是苹果维生素 C 含量的 70 倍、梨的 100 倍、金丝小枣的 20 倍，有"活维生素丸"之美誉。

此外，冬枣果实还含有较多的维生素 A、维生素 E、钾、钠、铁、铜等多种微量元素，有保持毛细血管畅通、防止血管壁脆性增加的功能，对于高血压、动脉粥样硬化病症有疗效，有防癌之功效。营养价值为百果之冠，有"百果王"之称。

相关链接

脆冬枣

一些企业利用先进的低温脱水技术让枣迅速脱水，最大限度地保留了枣的营养成分，并使其储藏时间延长至一年，使人们一年四季都能吃到这种珍贵的果实。

原料：鲜冬枣、植物油。

产品介绍：精选优质冬枣为原料，采用高科技工艺加工制成。保持冬枣天然色泽、皮薄、无核、肉质鲜脆甘甜，富含人体必需的多种营养成分，不含任何添加剂。因其维生素 C 含量高，被称为"活的维生素丸"。

思考与训练

（1）优质冬枣树体结构有什么特点？

（2）冬枣开甲期、甲口愈合时间应如何把握？

（3）冬枣使用膨大素应注意什么？

（4）试述优质冬枣的水肥管理技术。

（5）冬枣的适宜采收时期应如何掌握？

第六节 鲜食枣设施栽培技术

任务描述

随着塑料大棚、日光温室栽培核果类、葡萄等果树的成功，人们开始探索鲜食枣设施栽培技术。设施栽培的鲜食枣表现出上市早、果面光鲜、肉脆、汁液多、味甜或酸甜、适口性强等优点，因而售价高，越来越受到广大消费者青睐。鲜食枣设施栽培已表现出栽培效益高，发展前景好。本次任务学习鲜食枣设施及配套栽培技术。

案例分析

青县温室鲜枣种植模式效益高

河北省青县曹寺乡西蔍坡村刘立明的 2.1 亩温室鲜枣"早脆王"，从 6 月下旬上市后，最高价每公斤卖到 60 多元，最低价每公斤 40 元，平均售价每公斤 46.8 元。共收获鲜枣 1580kg，扣除成本外，纯收入共 6.93 万元，平均亩收入 3.3 万元。这一收入也创出了种植业的高效益。

他从 2001 年开始就对部分枣品种进行对比试验，对温室种植"早脆王"管理技术做了几年的学习记录，并多次向沧州市农林科学院专家请教。2005 年，在农林科学院专家的指导下，他投资 5 万元建成三个共 2.1 亩"早脆王"温室大棚。由于温室枣基本不用药，又是自然成熟，色泽、口感在同类产品中都属上乘，在市场上很受青睐，大部分被沧州、唐山果商包销，销往北京、天津等地超市。　　　　　（来源《农民日报》，有删减）

设施栽培是指塑料大棚栽培、日光温室两种栽培形式。

塑料大棚是以骨架为依托，塑料薄膜全面覆盖的一种设施形式。没有其他覆盖物保温，也没有墙体的屏蔽。其内物候期较露地可以提早 1 个月左右，保温效果较日光温室差，不能进行越冬生产，只能在春秋季节使用。进行枣树栽培的塑料大棚脊高 3.0～3.5m，肩部高 1.2～1.5m，跨度 7～12m，长度不等。规模一般为 1 亩左右。其结构多为钢管结构，也有竹木结构和钢筋水泥预制而成的弓架组装而成。

图 1-45　日光温室

日光温室主要由三面墙体、后屋面和前屋面三部分组成。墙体既是承力构件又是保温材料，后屋面主要起保温作用，前屋面是温室的全部采光面。温室所有自然能量的获得都要依靠前屋面。前坡面骨架部分采用高强度钢塑复管或镀锌钢管，东、西、北三面为墙体围护（图 1-45）。

目前，鲜食枣品种达到 261 个，其中有很多优良品种，如早熟和中早熟品种宁阳六月鲜、新郑六月鲜、到口酥、蜂蜜罐、疙瘩脆等；中熟和中晚熟品种大瓜枣、大白铃、临猗梨枣、辣椒枣、枀枀枣、不落酥等；晚熟品种冬枣等。近些年通过鉴定的鲜食枣新品种有早脆王、七月鲜、京枣 39、阳光、月光、冀星冬枣等。这些优良品种可作为设施栽培品种。

一、鲜食枣设施栽培意义和发展前景

1. 鲜食枣适口性好，具有较高的营养价值

鲜食枣果风味独特，营养价值高，含糖量为 25%～43.9%，富含多种人体不可缺少的物质，尤以维生素 C 含量特高，一般含量为 600mg/100g～800mg/100g，为苹果的 70～80 倍、柑橘的 10 倍。同时由于优良的鲜食枣果肉脆、汁液多、味甜或酸甜、适口性强的特点，越来越受到广大消费者青睐。

2. 提早成熟，提高了品质

一是采用设施栽培，通过改善其生长环境可以实现枣果提前成熟和延迟成熟，错开了正常成熟期的采收高峰。目前，生产中采取提早成熟的栽培措施比较多，简易塑料大棚成熟期一般提前 20 天左右，日光温室一般提前 40 天左右。二是设施栽培的枣果，果皮变

薄，果肉更加酥脆，口感极佳，裂果很轻甚至没有裂果，果品质量明显提高。

3. 栽培效益高，发展前景好

近年来，随着认识上的改变，鲜食枣品种培育和栽培成为枣业发展的主流之一，同时由于优良的鲜食枣品种较之干枣具有更好的口感、更高的营养，加上我国在加工枣出口的同时，鲜食枣也开始向日本、新加坡、韩国等国家出口，且供不应求，出口潜力较大，因此，鲜食枣栽培呈现出较快的发展态势。为进一步拉长枣果的市场供应时间，提高其整体效益，采用设施栽培必将成为一项主要措施。据调查，通过简易大棚栽培，使早脆王、马牙枣的成熟期提前 25 天，单产提高 30%，单价提高 1 倍以上，效益超过 3 万元/亩；日光温室栽培，使冬枣成熟期提早 40 天，单价提高 6～7 倍，效益超过 6 万元/亩。同时设施栽培枣树病虫害较少，管理较为方便，而栽培者较少，发展前景极为广阔。

二、冬枣日光温室栽培技术

(一) 产量和效益

温室栽培冬枣 10 月底开始落叶，11 月至来年 1 月中旬为休眠期，1 月底至 2 月初树体开始发芽，3 月底树冠叶幕形成，4 月初为始花期，4 月 20 日左右为盛花期，5 月初开始坐果，8 月初开始着色，8 月中旬果实成熟。果实发育期为 110 天。平均单果重为 20g，最大果重 35g。定植后第三年开始结果，平均每亩产量为 820kg，第四年平均每亩产量为 1350kg。果实平均售价每千克为 50 元，年平均每亩效益为 51250 元，见表 1-2。

表 1-2　冬枣日光温室栽培的产量和效益

年份	产量（kg/亩）	单价（元/kg）	产值（元/亩）	成本（元/亩）	效益（元/亩）
2010	820	50	41000	3000	38000
2011	1350	50	67500	3000	64500

(二) 温室建造

1. 地块选择

选择地势高燥、排灌方便、土壤肥沃，土壤 pH7.5～8 的地方建造温室。

2. 温室构造

温室东西走向，长度为 60m，净跨度为 7m，土墙厚度为 1m，北墙高 2.2m，东西墙高随温室构造设定高度，弧形棚顶，南部棚膜接地，脊高 3.3m，总占地面积为 500m²。北墙后建好排水沟，保证排水畅通。骨架为钢梁，脊北坡用苇板压泥土做保温层，进出口设在东山墙，外设缓冲间。棚面覆盖厚

图 1-46　冬枣温室栽培

0.15mm 的蓝色透光无滴膜和厚 3cm 的草帘保温，草帘升降采取单臂卷帘机。一般建造钢架结构 500m² 的单个温室造价大约为 27000 元，如图 1-46 所示。

（三）栽植

采取先定植后建温室和先建温室后定植的方式均可。秋季落叶后和春季发芽前均可栽植，株行距为 1m×2m，栽前开挖定植沟，沟宽 60cm，沟深 60cm，沟内铺麦草、稻草，并施足有机肥，与土混合均匀，填入沟内浇透水。选基茎粗度为 1.5cm 以上，根系完整、无病虫害的壮苗栽植。

（四）整形修剪

1. 定植后 1～2 年生树修剪

定植当年，在树干高 50cm 处进行定干，整形带内选留 3～4 个方位比较好的萌发芽，留中心领导干，所留主枝长到 60cm 左右时，进行拿枝、拉枝开角，角度为 70°～80°。第二年，对中心领导干在距第一层主枝上 50cm 处进行剪截，培养第二层主枝，所留主枝基本保持单轴延伸，并注意拉枝和开张角度，培养成小冠疏层形。

2. 结果期树修剪

在保持基本树形的前提下，疏除过密枝、交叉枝、重叠枝和病虫枝，尤其是要注意疏除背上的直立枝，对生长相对直立和旺盛的主枝进行拿枝软化，削弱其生长势，实现树体的均衡生长。在生长期要注重夏季修剪，及时剪除内堂新生枣头，减少养分消耗，促进坐果和果实发育。

（五）肥水管理

秋季施肥以基肥为主，枣果采收后及早施入有机肥料，如腐熟鸡粪等，每亩施 5000kg，在树行间挖条状沟，沟宽 30cm，深 30～40cm，把肥料撒入沟内，然后覆土、浇水。

追肥选择全元素复合肥，其中氮、磷、钾含量分别为 14％、6％和 30％，同时含有铁、镁、硼、锌等。第一次在花前，每亩施 4kg；第二次在果实膨大期，每亩施 10kg；第三次在白熟期，每亩施 8kg。施肥后及时浇水。

（六）温湿度调控

11 月底到 12 月初扣棚，升温 30 天左右。萌芽期温度控制在白天 17～25℃，夜间 5～10℃，抽枝展叶期温度控制在白天 18～25℃，夜间 10～15℃，初花期白天 25～30℃，夜间 15～20℃，盛花期白天 35～38℃，夜间 18～22℃，坐果后至麦收前，最高温度控制在35℃以下，麦收后至采果前维持在外界自然温度。扣棚后温室内湿度保持 60％～70％，催芽期湿度为 70％～80％，开花期湿度为 60％～90％，落花后、生长期、硬核期、果实膨大期直至采收前湿度控制在 70％～90％。温度和湿度过高时，白天掀起大棚底边和棚顶膜通风、降温、降湿，麦收后至采果前遇到下雨天气，可将棚顶膜合上。

（七）花果管理

1. 授粉

从初花期开始，可在棚内放养蜜蜂，每亩温室放 2 箱蜜蜂。

2. 开甲

为提高坐果率，在盛花期对枣树主干进行开甲。开甲方法：第一年从主干地表上

25cm 处开甲，宽度为 0.6～0.8cm，要求开甲一定切断主干韧皮部，但不伤及木质部。开甲后 2～3 天甲口涂抹甲口保护剂，防治甲口虫，甲口 30～35 天愈合，愈合后，进行二次开甲，愈合时间掌握在 20 天左右。以后开甲每年向上移 5cm 进行。同时视树体生长状况也可采用单枝环剥。

3. 喷生长激素

开甲后，树上可喷布 25mg/kg 的赤霉素，间隔 12～15 天喷施第二次，促进坐果。

4. 疏果

疏果能调节负载，增大果个，提早成熟，减轻采前落果。疏果可进行 2 次，第一次在果实黄豆粒大小时进行，当幼果长至玉米粒大小时进行第二次疏果，疏果时疏去并生果、病果、畸形果等。

（八）果实采收

一般到 8 月中旬进入成熟期。采摘方法是用手握住枣果向果柄弯曲的逆向轻微用力，即可把枣果连同果柄一起摘下。采收时要轻拿轻放，先摘外围，后摘内膛，先摘下层，后摘上层。根据其成熟度做到分期、分批采摘，确保应有的品质。

（九）病虫害防治

冬季结合修剪，清除病枯枝和落叶。萌芽前全树喷一次波美度为 5°的石硫合剂，消灭越冬病虫。生长期，重点防治绿盲蝽象、红蜘蛛、桃小食心虫和黑斑病、炭疽病等。可在棚内悬挂黄色粘虫板和桃小食心虫诱捕器防治绿盲蝽象和桃小食心虫，树干涂抹粘虫胶防治红蜘蛛和绿盲蝽象，减少打药次数，提高防治效果。

三、六月鲜枣日光温室栽培技术

莱芜市农科所于 2003 年春从山东省果树研究所引进六月鲜枣，栽植在日光温室内。栽植当年大量结果，同年 12 月底温室扣棚升温，翌年 6 月上中旬果实成熟，每亩产量达 730kg，2005 年产量为 1200kg，2006 年产量为 1260kg。该品种果实呈卵圆形，果面平整，平均单果质量为 29.8g，最大单果质量为 74g，果面呈深红色，极美观。果肉质细酥脆，味甜，最宜鲜食，品质优于梨枣、大雪枣、芒果冬枣，属于极早熟枣品种。大棚果在本地市场售价一般为 20～30 元/千克，且供不应求。其主要栽培技术如下。

（一）温室结构

供试验日光温室为东西向弓圆形钢架结构。温室长 85m、宽 9m，前部高 1.5m，脊高 3.5m。后墙高 2.5m，厚 1m，为砖土混合结构，后墙距地面 1.5m 高处有 16 个 60cm 见方的通风窗。温室占地面积为 765m²，棚膜为聚乙烯无滴膜，上覆草苫保温，棚顶有自动卷帘设备，内有土暖气增温、日光灯补光及滴灌设备。

（二）栽植当年生长季节的管理

1. 苗木定植

定植前每亩撒施优质腐熟厩肥 3000～4000kg，撒后翻耕土壤。选择高 1.2m 以上、根颈部直径为 0.8cm 以上、根系发达、无病虫害的苗木。栽植行距为 1.6m，株距为 0.8m。

为防涝和限制根系扩展，必须起垄栽培。垄宽 1m、沟宽 0.6m、垄高 0.4m，沟底要有一定的坡度，以利排水。定植前将苗木用 300 倍植物营养素泥浆蘸根，以提高成活率，促进前期生长。栽植时在垄上挖 30cm 见方的穴，浇足水，将苗木植入。定植后整个垄面覆盖宽 0.9～1m 的黑色地膜，以利保湿、增温，防止杂草滋生。栽植后不定干，把高度为 1.5m 以上的细竹竿插在苗木旁边，将苗木在 60cm 处固定，然后将苗木拉成 80°～90°。拉干时同一行的方向要一致，以利于以后的管理。

2. 土肥水管理

展叶后，间隔 20 天左右浇肥 1 次，每株浇 20g 速效肥，连续 3 次，前期以尿素为主，中后期以硫酸钾为主。同时进行叶面喷肥，展叶后间隔 7～10 天喷 1 次 500 倍植物营养素和 300 倍尿素混合液。喷施前，植物营养素和尿素一起放在非金属容器里浸泡 2h 以上，以利于充分发挥肥效。7 月中旬按株施 1～2kg 有机肥、0.25kg 硫酸钾复合肥和 15～20g 植物营养素的标准全园撒施，然后浅锄将肥料全部翻入土中。9 月底以后，除土壤相对干旱时适量浇水外，一般不需浇水。

3. 地上部管理

夏季枣头旺长期，要及时抹芽和摘心，由于是拉干定植，弯曲处必会发出一个直立旺长的新枣头，可将其绑缚在细竹竿上，待长至 40cm 时摘心。其他新枣头长至 30cm 时重摘心，留梢 20cm。对拉平的原主干，由于直立生长受到抑制，枣头长势削弱，可在其长至 30cm 时重摘心。其中后部背上的直立枣头可在萌芽时抹除，苗木干上原来的二次枝可缓放不动，保持缓势生长，以利于翌年结果。7 月中下旬根据生长情况要对树势进行适当控制，如果枝梢已基本够用，可叶面喷施 300～400 倍 15% 多效唑，间隔 3～5 天再喷 1 次 300～400 倍 PBO；如果树势仍未得到有效控制，可再喷 1～2 次，抑制新梢生长。

（三）扣棚前管理

1. 土肥水管理

每亩撒施优质有机肥 2500kg、硫酸钾复合肥 50kg，施后全园浅锄，将肥料翻入土中即可。扣棚前 20～30 天浇透水，覆盖黑色地膜。

2. 冬剪

主要任务是调整树体结构，疏除病虫枝、过密枝、重叠枝及延长头竞争枝，所留枝条一律不短截。树形宜采用自由圆锥形，其负载量大，有利于早结果、早丰产。在距地面 35～40cm 处，每隔 25～30cm 选留 1 个主枝。主枝下长上短，成形后下宽上窄呈圆锥形。各主枝上结果枝组的留量一般下层 3～4 个，上层 2～3 个。结果枝组在主枝上互不拥挤、互不交叉重叠。树冠生长达到要求后落头。整形期间，应长放，待结果后落头回缩。对主枝之间没有利用价值的交叉枝、直立枝等，应提早疏除。结果枝组结果能力下降时，可从基部选留适当的枣头重新培养，也可重短截主枝，刺激隐芽萌发枣头，培养新的主枝或结果枝组。

（四）扣棚后的管理

1. 温湿度调控

六月鲜枣在莱芜适宜的扣棚时间为 12 月底。扣棚后，升温应循序渐进，首先在白天拉起 1/3 草苫，时间为 4 天，棚温最高为 12℃；之后再拉起 1/2 草苫，时间为 3 天，棚温最高为 15℃；最后全部拉起，时间为 2 天，棚温最高为 18℃。以后按正常管理即可。不同生育期对温湿度的要求见表 1-3。

表 1-3　六月鲜枣不同生育期对温湿度的要求

生育期	温度（℃）		相对湿度（%）
	白天	夜间	
萌芽期	20～24	>3	75～80
花期	23～26	>8	50 左右
幼果期	25～30	>8	60～70
果实膨大期	23～28	10～15	60～70
果实近成熟期	25～32	10～15	60 左右

开花期白天温度最高为 26℃，花前 1 周不能浇水，以免湿度过大。果实膨大前期白天最高温度可在 26℃，后期白天最高温度可提高到 28℃，夜温高于 10℃时不再盖苫。着色期和成熟期白天温度超过 32℃时要及时放风，此期昼夜温差越大越有利于着色，要注意夜间通风降温，将夜温保持在 13℃左右。棚内增温的主要措施是阴天或夜间覆盖保温材料并点燃土暖气；降温方法是打开通风口自然降温，白天棚温过高时可提前放风。

果树的需冷量

需冷量是指打破落叶果树自然休眠所需的有效低温时数。如果需冷量不足则会发生不开花，或开花延迟，开花不整齐，落花、落果，甚至果实畸形，严重影响果品的商品价值。

2. 肥水管理

为缓解新梢生长与果实发育之间的养分竞争，应视树体营养状况及时进行叶面喷肥和土壤追肥。芽萌动时全树喷施 500 倍植物营养素和 300 倍尿素混合液；花后 2 周叶面喷施 500 倍植物营养素和 300 倍尿素混合液，果实膨大期土壤追肥 1 次，株施硫酸钾复合肥 0.25kg。六月鲜枣抗旱，一般情况不要浇水。

3. 花果管理

花果管理主要是促花保果、加强授粉和疏果。促花保果方法如下。一是抑制过旺的营养生长，促进坐果。在开花期前对发育枝、二次枝进行摘心，抑制枝条生长。萌芽期抹除多余萌芽。二是花期喷水，提高空气湿度。喷水应在上午 10 点前和下午 4 点后进行。三是喷赤霉素，保证坐果稳定。喷洒时间以盛花期每个枣吊平均开花 4～6 朵为宜。赤霉素喷洒浓度为 10～15mg/kg。四是温室内放蜂。花期在温室内放蜂，可提高坐果率。疏果时应疏去畸形果、小果，一般枣吊留 1～4 个果，挂果枣吊数量较少时可适当多留。为防止采前落果，可在采前 30 天左右连喷 2 次 70mg/kg 萘乙酸。

4. 病虫防治

萌芽前喷 1 次波美度 3°～5°石硫合剂，3～4 月每隔 10～15 天喷 1 次 1000～1500 倍 50％辛硫磷加 2000 倍 25％灭幼脲 3 号悬浮剂或 2000～3000 倍 10％吡虫啉，防止枣瘿蚊、枣步曲、枣芽象等害虫。5 月以后，喷 2～4 次 800 倍 40％多菌灵，防止枣锈病等。

5. 采果后修剪

重点抹除和疏去背上直立新枣头、过多过密新梢、下垂拖地枝。要回缩过大、过旺结果枝组。对部分位置适当的过旺新枣头要重短截，培养结果枝组。

6. 采果后管理

每亩撒施优质有机肥 2000kg 和硫酸钾复合肥 40kg 翻入土中，施后浇透水。同时叶面喷施 500 倍植物营养素和 300 倍尿素混合液，提高叶功能。雨季要注意排水防涝。

7. 控花促长

从 6 月中旬开始喷施 300～500 倍 15％多效唑，控制旺长，一般每 15 天左右喷 1 次，连喷 2～3 次。

思考与训练

(1) 日光温室结构是什么样？

(2) 棚室栽培鲜食枣温湿度如何调控？

(3) 冬枣、六月鲜日光温室栽培宜采用什么样的株行距和树体结构？

(4) 采用什么措施可提高温室鲜食枣的坐果率？

第七节　枣树病虫害防治

任务描述

枣树病虫害防治是枣园田间管理的主要内容之一。枣树从发芽、展叶、开花、结果至果实成熟的各个阶段，都有不同种类的病虫发生，树体的各个部分都可能受到病虫为害。已知的枣树害虫共有 89 种，分属于昆虫纲 6 个目和蛛形纲蜱螨目；病害及寄生性杂草 27 种，其中真菌性病害 17 种，细菌性病害 2 种，类菌质体病害 1 种，病毒病害 1 种，寄生性杂草 4 种，均对枣树生长、结果有不同程度的影响。有些病虫能使局部地区枣树严重减产乃至绝产，如枣尺蠖、枣叶壁虱、牧草盲蝽、红蜘蛛、枣锈病等；有的害虫能降低果实品质，如桃小食心虫；有的病害能使枣树整株连片死亡，如枣疯病。因此，及时防治枣树病虫害，保证树体健壮，是夺取枣果丰收的关键。

本次任务学习枣主要虫害与病害的发生规律与防治方法。

一、枣树虫害

（一）桃小食心虫

1. 分布及为害

桃小食心虫简称"桃小"，被害果称"猴头""糖馅""豆沙馅"。分布地区较为广泛，在我国东北、华北、华东、华中和西北地区均有发生。

桃小食心虫为害枣、苹果、梨最为严重，还为害海棠、花红、山楂、桃、杏等。枣果被害，幼虫在枣果内枣核周围蛀食为害，被害果内充满虫粪，提前变红、脱落，严重影响枣果的产量和质量。

2. 形态特征

1）成虫

雌蛾体长 7～8mm，翅展 15～18mm，雄蛾体长 5～6mm，翅展 12～14mm。体呈灰白至淡灰褐色，复眼呈红褐色，前翅近前缘的中央有一个近似三角形蓝黑色有光泽的斑纹，翅基部和中部有 7 簇蓝黑色斜立的鳞片，后翅呈灰色。雌蛾下唇须长而直向前伸如剑状，雄蛾的短向上翘，极易区别。雌蛾触角呈丝状，雄蛾的呈栉齿状。

2）卵

呈近椭圆形，长 0.45mm。一般有 1～3 粒，最多的有 20 多粒直立在果实萼洼茸毛中，卵顶端有"Y"形刺 2～3 圈，刚产下的卵呈橙色，后变橙红色、鲜红色，接近孵化时为暗红色，卵壳表面有不规则的多角形网状刻纹。

3）幼虫

老熟幼虫体长 13～16mm，较肥胖，体呈乳白色或橙红色，头呈黄褐色，前胸背板及臀板呈褐色，无臀栉，前胸气门前毛片上只有 2 根刚毛，其他食心虫均为 3 根刚毛。腹足趾钩排成单序环，趾钩为 10～24 个，每个体节有明显的黑点。

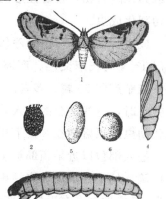

图 1-47 桃小食心虫

1. 成虫 2. 卵 3. 幼虫
4. 蛹 5. 夏茧 6. 冬茧

4）蛹

体长 6.5～8.6mm，呈黄白色，近羽化时变成灰黑色，复眼呈红色。

5）茧

有两种，一种是幼虫在里面越冬叫冬茧，或称越冬茧，形状为扁圆形，直径为 4.5～6.2mm，质地紧密；另一种是幼虫在里面化蛹叫夏茧或称蛹化茧。形状为纺锤形，端部有羽化孔，茧长 7.8～9.8mm，质地疏松。两种茧上均粘附泥土，所以茧的颜色与土壤的颜色一致（图 1-47）。

小知识 昆虫的翅一般呈三角形，前面的一边称前缘，后面的一边称后缘，两者之间的一边称外缘。前缘与后缘之间的角称为肩角或基角，前缘与外缘之间的角称为顶角，外缘与后缘之间的角为臀角。

3. 发生规律及习性

在河南、山东 1 年发生 1～2 代，在河北枣区多发生 2 代，以老熟幼虫在树干附近土中吐丝缀合土粒做成扁圆形茧越冬，分布于 10cm 以上的土层中，以 4～7cm 土层内分布较多，占总数的 89％左右。在山地较平坦的耕地上，虫茧多集中在树干周围 50cm 范围内，距树干越远虫茧越少；在撂荒地或梯田上，越冬茧分布零散，如石缝内、杂草根下等处。在树干根茎周围，以北侧虫茧较多，占 79％左右。越冬幼虫于 6 月中下旬气温升高到 20℃左右，土壤含水量达 10％以上时开始出土。出土盛期在 7 月上中旬，8 月中旬可全部出完。出土期早晚与当年降雨量有密切关系，一般于每次降雨后数天常出现一次蛾峰；干旱年份出土较晚，且数量少。越冬幼虫出土后，在地面上 1 天即可做成夏茧，外面粘着土粒或其他附着物，在纺锤形的化蛹茧（夏茧）内化蛹，蛹期为 8～12 天。6 月下旬至 7 月上旬羽化成虫。

成虫行动迟笨，白天静伏于叶背、枝干及杂草等背阴处，受惊扰只作短距离的移动。凌晨 1～4 时飞翔交尾、产卵。卵多产于果实梗洼或萼洼、叶背叶脉基部及果面伤痕处。每头雌蛾产卵 50 粒，多者高达 200 粒，卵期约为 7 天。幼虫孵化后在果面爬行数十分钟至数小时，寻找适合的蛀入处。第 1 代幼虫 7 月上旬开始蛀果，蛀果盛期在 7 月中旬；第二代幼虫蛀果盛期在 8 月下旬至 9 月上旬，幼虫无转果为害习性，每头幼虫一生只为害一果。蛀入部位以近果顶部最多，蛀入孔极小，犹如针孔一样，孔的周围呈现淡褐色，并略有凹陷。幼虫蛀果后，绕核串食，为害 18 天左右老熟，虫粪堆积于果内，即所谓"豆沙馅"。老熟幼虫多在近果顶部咬一圆孔脱出果外，落地做茧。7 月下旬至 8 月上旬老熟幼虫多随果落地，1～2 天后脱出果外，爬至树干根颈部，1 年发生 1 代者做扁圆形茧越冬；1 年发生 2 代者做纺锤形化蛹茧继续羽化成虫，产卵孵化第 2 代幼虫，蛀果为害。第 2 代幼虫脱果时间为 9 月上旬～10 月上旬，盛期在 9 月中下旬。第 2 代幼虫多自树上果内脱出，入地做茧越冬。

相关链接

预测预报

（1）越冬幼虫出土期预测。在树冠下 5～6cm 深处埋入一定数量的桃小食心虫虫茧，用丝网笼罩，从 6 月上旬开始逐日检查出土幼虫数，当出土幼虫达 5％时，开始地面施药。

（2）成虫或幼虫发生盛期的预测。采用性诱芯诱集雄蛾的方法。每枚诱芯含性外激素

500ug，诱蛾的有效距离可达 200m 远。成虫发生期前（6月中下旬），在枣园内均匀地选择若干株树，在每株树的树冠阴面外围离地面 1.5m 左右的树枝上悬挂 1 个诱芯，诱芯下吊置 1 个碗或其他广口器皿，其内加 1% 洗衣粉溶液，液面距诱芯高 1cm。注意及时补充洗衣粉液，维持水面与诱芯 1cm 的距离，每 5 天彻底换水 1 次，20～25 天更换 1 次诱芯。每天早上检查所诱到的蛾数，逐一记载后捞出，预测成虫发生期。

4. 防治方法

1）挖茧或扬土灭茧

春季解冻后到幼虫出土前（3月～6月上旬），山区可在树干根颈部挖拣越冬茧，尤其注意土下树皮缝处。也可在晚秋幼虫脱果入土做茧越冬后，把枣树根颈部的表土（距干约30cm 内，深 10cm），铲起撒于田间，并把贴于根颈部的虫茧一起铲下，使虫茧长期暴露，经过冬春季的风吹、日晒和冰冻而死亡。据调查，采用此法死亡率高达 90% 以上，且方法简便，可起到春季挖虫茧的作用，应在枣区推广。

2）地膜覆盖

6月上旬在树干周半径 100cm 以内地面覆盖地膜，能抑制幼虫出土、化蛹、羽化。

3）拣拾落果或脱果幼虫

7月下旬或 8 月上旬拣拾落枣煮熟做饲料，如及时拣拾，消灭果内幼虫可达 80% 以上。8～9 月在树下拣拾脱果幼虫（树干基部最多），尤其在雨后脱果幼虫更多。

4）树下培土

阻止幼虫（成虫）出土。利用幼虫在树下越冬的习性，于 5 月底以前，在树干 1m 范围内堆高约 20cm 的土堆，并拍打结实，可阻止越冬幼虫出土。利用第 1 代老熟脱果幼虫多在树干根颈部做茧的习性，于 8 月中旬可用同法再培土堆一次，以阻止成虫出土。

5）药剂防治

近年来，利用桃小性诱剂观测蛾量消长，为确定准确喷药时期提供了科学依据。通过桃小性诱剂诱集到的雄蛾数量与田间查卵结果看，二者基本上是一致的，唯成虫高峰较产卵高峰略早 1～2 天。当诱捕器诱到第 1 头雄蛾时，正值越冬桃小食心虫幼虫出土盛期，此时正是地面撒粉毒杀出土幼虫的有利时机。可于树干周围 100cm 范围内撒药粉，使用 5% 西维因粉剂，每株用量为 25g。也可采用 25% 辛硫磷粉（每亩用量为 0.5kg）。往年虫情严重或山地果园可适当增加药量或撒药次数，或于树干周围 1m 内喷洒 50% 辛硫磷乳油 200～300 倍液，喷后立即耙地，将药耙入土中，半月后再喷洒一次，可有效地防治桃小食心虫。诱蛾高峰 1 周左右为树上喷药最佳时期。根据近年来的观察结果，一般年份 7 月中下旬和 8 月中下旬，分别为第一、第二代成虫发生盛期，常出现雄蛾高峰 2～4 次，一般大高峰每代出现一次，故此喷药 2～3 次即能收到较好的防治效果。如喷布溴氰菊酯 1～3 次，好果率可达到 90%～95% 以上。用药可从下列药剂中选择：2.5% 溴氰菊酯乳油 4000～6000 倍液、20% 速灭杀丁乳油 3000～4000 倍液、50% 杀螟松 800～1000 倍液、10% 氯氰菊酯乳油 3000～4000 倍液、75% 辛硫磷 2000 倍液（第 2、3 次用药以菊酯类为宜）。

相关链接

桃小食心虫的发生与防治歌谣

蛀果蛾科一害虫，人称别名枣蛆红。

该虫属于鳞翅目，幼虫专门把果蛀。

一年发生一两代，做茧越冬在土中。

枣树坐果它出土，再作夏茧化成蛹。

七八月份蛹化盛，白天潜伏夜活动。

交尾产卵果梗边，孵出小虫果中钻。

一条害虫蛀一个，幼虫老化果脱落。

防治需要搞测报，发生规律要知道。

防治首先护天敌，草蛉花蝽小蚂蚁。

冬前翻土挖树盘，冻死越冬虫或茧。

六月中旬性引诱，诱杀雄虫在林间。

人工拣拾为害果，集中销毁别放过。

出土之时要抓好，粉剂药物洒地表。

高峰时期可喷药，菊酯或者灭幼脲。

相关链接

鳞翅目幼虫

鳞翅目幼虫的趾钩是鳞翅目幼虫腹足底部的弯刺或钩。趾钩的存在是鳞翅目幼虫区别于其他多足型幼虫的重要依据之一，而趾钩的数目、长短和排列方式等，则是鳞翅目幼虫分类的鉴别特征之一。趾钩的排列有单行、双行与多行之分；根据趾钩的长短不同，可分为单序、双序或三序；根据趾钩排列的形状，又可分为环状（圆形或椭圆形的整环），缺环（不满一整圈而有小缺口），伪环（前后都有缺口，也叫二纵带），中带（只在内侧有一列弧形而与身体纵轴平行的趾钩），二横带（与身体纵轴垂直的两列趾钩）等。

鳞翅目幼虫腹部通常有10节，末节背面骨化形成臀板，有些种类在臀板下方生有硬化的梳状构造，称为臀栉，用以弹去排泄的粪粒。腹气门一般8对，位于第1~8腹节两侧。腹足通常有5对，着生于第3~6腹节及第10腹节上，第10腹节上的又称为尾足或臀足。

鳞翅目幼虫体表瘤状突起上着生刚毛（坚硬的毛），称为毛瘤；刚毛基部常具骨化和深色的区域，称为毛片；毛片如高突呈锥状则称毛突；毛长而密集成簇或成撮，称毛簇或毛撮；有些种类具刺，刺上分枝的称枝刺。

(二) 枣瘿蚊

属双翅目瘿蚊科，又名"卷叶蛆""枣芽蛆""枣蛆"。

1. 分布及为害

全国各枣区广泛分布。以幼虫为害尚未展开的枣嫩叶，被害叶呈浅红至紫红色肿皱的筒状，不能展开，质硬而脆，最后干枯脱落（图1-48）。此虫第1代发生时正值枣树发芽展叶期，常造成大量嫩叶不能展开，对生长开花不利。枣苗和幼树枝叶生长期长，受害较重。

图1-48 枣瘿蚊为害状

2. 形态特征

1）成虫

体呈橙红色或灰褐色，体长1.5mm，翅展3～4mm。头部呈黑色，位于前胸前下方，似小蚊。触角14节，呈念珠状。复眼大，呈黑色、肾形。前翅透明，后翅退化为平衡棒。雌虫腹部肥大，为橘红色，腹部连接处细，尾端较细并有细长产卵管。雄虫腹较细长，足3对，细长，呈黄褐色，疏生细毛。

2）卵

呈长椭圆形，长约0.3mm，呈淡红色，有光泽。

3）幼虫

老熟幼虫体长2.5～3mm，呈乳白色，头尾两端细，体肥圆，有明显体节，无足，为蛆状。

4）蛹

长1.1～1.9mm，体呈纺锤形，初呈乳白色，后呈黄褐色。

5）茧

长约2mm，以白色丝做成薄茧，略呈椭圆形，质软，茧外缀结小土粒，形成如小米粒大的土茧（图1-49）。

图1-49 枣瘿蚊
1. 成虫 2. 卵 3. 幼虫 4. 蛹 5. 为害状

3. 发生规律及习性

在河北地区每年发生5～6代，以幼虫做茧在树下土壤浅处越冬。次年4月中、下旬化蛹、羽化。成虫产卵于未展开的嫩叶缝隙处。幼虫孵化后吸食汁液，叶片受刺激后由两边向上卷起，幼虫于其中为害。每叶内有幼虫5～8条，甚至10余条，5月上旬为盛期，5月中下旬被害严重叶开始焦枯。5月下旬第1代老熟幼虫脱叶入土结茧化蛹，幼虫期和蛹期平均为8～9天，6月上旬羽化成虫，成虫羽化后十分活跃，寿命为2天左右，各代羽化不整齐，全年有5次以上明显的为害高峰，最后老熟幼虫于8月下旬入土做茧越冬。山东乐陵有7次为害高峰，9月老熟幼虫陆续入土。

4. 防治方法

1）人工防治

秋末冬初翻树盘、耕翻枣园，消灭部分越冬蛹，压低虫口密度。4月上旬枣萌芽前，树下铺地膜，抑制成虫出土。

2）地下药剂防治

4月上旬成虫未羽化前，地面喷5％敌百虫粉，或喷25％杀虫星1000倍液，喷药后耙一次地。

3）树上药剂防治

4月下旬喷布80％敌敌畏800倍液或50％杀螟丹1000倍液，每10天喷1次，连续喷2～3次。

相关链接

枣瘿蚊的发生与防治歌谣

枣瘿蚊，气死人，枣叶刚出卷成针。

枣头枣吊不能长，瘿蚊幼虫叶中藏。

成虫像个小蚊子，幼虫白小像螺丝。

华北一年六七代，为害大来繁殖快。

防治此虫难度大，敌百虫粉撒冠下。

也可使用辛硫磷，混合细土撒均匀。

树上四月喷药剂，敌敌畏等熏蒸剂。

乙酰甲胺喷仔细，甲氰菊酯灭扫利。

（三）螨类

1. 苜蓿红蜘蛛

苜蓿红蜘蛛属蛛形纲蜱螨目、叶螨科。

1）分布及为害。

该虫（螨）分布于河南新郑、山东聊城、河北邢台等枣区。枣叶被害后，由绿变黄，进而枯落。落果重，枣产低，重灾树绝收。

2）形态特征。

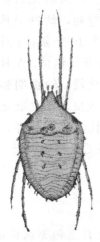

（1）成螨：雌螨体长0.6～0.7mm，体背有波状皱纹，边缘有明显宽边，体背有扇形刚毛26根，足有4对，第一对足特长，超过身体的长度，故称长腿红蜘蛛，未发现雄性成螨，行孤雌生殖（图1-50）。

（2）卵：呈圆球形、深红色。冬卵色深，夏卵色浅。

（3）幼螨：初孵时呈橘红色，取食后变为绿色，足有3对。

（4）若螨：足有4对，体呈褐色或绿色，体长0.3mm。

3）发生规律及习性。

该螨代数，因地理位置和气候而异。一般1年5代，以卵在枝、干皮缝或树洞内越冬。翌年天暖时孵化，若螨群集为害枣叶，影响花芽分化，缩短花期，叶片变黄褐色，坐果率低，进而叶片枯落，或干枯在枣吊上，减产较重。苜蓿红蜘蛛不会吐丝。

图1-50　苜蓿红蜘蛛

4）防治方法。

（1）人工防治：休眠期刮树皮，集中焚之灭卵。

（2）药剂防治：①密度大的枣园，早春萌芽前喷波美度5°石硫合剂，枣芽萌发时，喷波美度0.5°石硫合剂。②花果期结合防治其他害虫，喷40％氧化乐果1500倍液或73％克螨特1000倍液。硫悬浮剂对螨类亦有较高的防效。

（3）生物防治：保护天敌，枣林中有不少天敌，如食螨瓢虫、六点蓟马、草蛉、捕食蝽、肉食螨等，均应加以保护，力争少用广谱性杀虫剂。必须进行化学防治时，力争错开天敌高峰期，同时尽量减少喷药次数，以维持生态平衡。

2. 山楂红蜘蛛

山楂红蜘蛛属蜱螨目、叶螨科。

1）分布及为害。

该螨在国内分布甚广，为害苹果、梨、山楂和枣等果树、林木。被害后，枣叶上有一层丝网，粘满尘土，叶片焦枯，导致落花、落果、落叶多，减产颇重。

2）形态特征。

（1）成螨：雌螨体长0.5mm，呈卵圆形，背部前方隆起，26根刚毛排成6排；冬型螨体小，呈朱红色，有光泽；夏型螨体大，呈深红色，背部及第三对足后方有黑色斑纹。雄螨体长0.4～0.45mm，呈纺锤形，末端尖，初蜕皮时呈浅黄色，取食后为绿色或橙黄色，体背两侧有暗绿色斑纹2条（图1-51）。

（2）卵：呈圆球形、呈橙红色或淡黄色。

（3）幼螨：刚孵出时体形为圆形，呈黄白色，取食后为卵圆形，呈淡绿色，足有3对。

（4）若螨：若螨有前、后期之分，前期体小，背具刚毛，初现绿色斑点；后期螨体增大，有雌雄之分，体呈绿色或淡绿色，背部黑斑明显，足有4对。

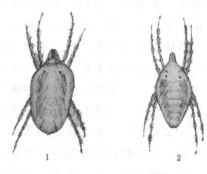

图1-51 山楂红蜘蛛
1. 雌成螨 2. 雄成螨

3）发生规律及习性。

该螨1年发生8～9代，以受精后的雌螨在树皮缝内或根际处土缝中越冬。翌年春天暖时活动并产卵，6月中旬进入为害盛期，7～8月成灾。阴雨天气对螨的繁殖、蔓延不利。9～10月转枝越冬。

4）防治方法。

同苜蓿红蜘蛛。

相关链接

螨类的发生与防治歌谣

害枣螨类复合种，多种螨类属同姓。

一年发生八九代，干旱年份更加重。

害花害蕾害叶片，淡黄斑点叶上生。

要是发生已严重，有层网丝叶上蒙。

个别年份大发生，全树叶子都落空。

雌虫越冬在土中，也有躲藏在皮缝。

三四月份就活动，繁殖为害不留情。

相关链接

石硫合剂

石硫合剂的化学名称叫多硫化钙。因生产上经常使用，现将其性状、熬制方法和使用方法简介如下。

性状：石硫合剂是以生石灰和硫黄粉为原料加水熬制而成的枣红色透明液体（原液），有臭鸡蛋味（H_2S），呈强碱性，对皮肤有腐蚀性，能腐蚀金属。原液中含有多硫化钙及硫代硫酸钙，有效成分主要是四硫化钙（$CaS \cdot S_3$）和五硫化钙（$CaS \cdot S_4$）。它们有渗透及侵蚀病菌细胞和害虫体壁的能力。多硫化钙化学性质很不稳定，易被空气中的氧气、二氧化碳分解。原液一经加水稀释便发生水解反应，生成很细的硫黄颗粒，使稀释液混浊，喷洒在作物表面，短时间内多硫化钙有直接杀菌或杀虫作用，但很快与氧、二氧化碳及水发生反应，最后分解生成的产物——硫黄仅具有保护作用。原液最好密封储存，为了防止有效成分多硫化钙分解，可用小口容器盛装，并在液面上滴加少许煤油，以隔绝空气。原液储存不当，表面会结硬壳，底部则产生沉淀，杀菌力降低。

石硫合剂是由生石灰、硫黄加水熬制而成的一种用于农业上的杀菌剂。在众多的杀菌剂中，石硫合剂以其取材方便、价格低廉、效果好、对多种病菌具有抑杀作用等优点，被广大果农所普遍使用。但由于石硫合剂的熬制环节较多，造成果农们熬制的母液波美度过低，同时许多人仅凭经验兑水稀释后就进行喷洒，使其达不到预期的防治效果。石硫合剂是由生石灰、硫黄加水熬制而成的，三者最佳的比例是1：2：10。熬制时，必须用瓦锅或生铁锅，使用铜锅或铝锅则会影响药效。

熬制的具体方法：首先称量好优质生石灰放入锅内，加入少量水使石灰消解，然后加足水量，加温烧到接近沸腾时，再把事先用少量热水调制好的硫黄糊自锅边慢慢倒入，边倒边搅拌，并记下水位线，然后用强火煮沸40～60min，待药液熬成枣红色，渣滓呈黄绿色时停火即成。熬煮期间不宜过多搅拌，但要及时用热水补足蒸发散失的水分。冷却后滤出渣滓，就得到了枣红色的透明石硫合剂原液。如暂不用，可倒入带釉的缸或坛中密封保存。熬制方法及原料好坏都会影响质量。最好用白色块状生石灰调制，如用消石灰，用量要增加1/3，但熬制出的石硫合剂质量较差。

石硫合剂使用时应注意的事项：在使用时药液浓度要根据植物的种类、病虫害对象、气候条件、使用时期等不同而定，使用前必须用波美比重计测量好原液度数，根据所需浓度计算出稀释的加水量。计算公式为加水倍数＝原液波美浓度÷稀释液波美浓度－1。同时，石硫合剂不宜在果树生长季节气温过高（＞30℃）时使用，不能与波尔多液等碱性药剂或机油乳剂、松脂合剂、铜制剂混用，否则会发生药害。一般喷洒波尔多液后间隔15～30天再喷洒石硫合剂，或喷洒石硫合剂后，间隔15～30天喷洒波尔多液。

熬制石硫合剂剩余的残渣可以配制为保护树干的白涂剂，能防止日灼和冻害，兼有杀菌、治虫等作用，配置比例：生石灰∶石硫合剂（残渣）∶水＝5∶0.5∶20，或生石灰∶石硫合剂（残渣）∶食盐∶动物油∶水＝5∶0.5∶0.5∶1∶20。

（四）刺蛾类

1. 黄刺蛾

黄刺蛾属鳞翅目刺蛾科，又名枣八角、八角罐、洋辣子、扫角。

1）分布及为害。

该虫分布全国各地，食性杂，除为害枣外，还为害苹果、梨、柿、杏、核桃和山楂等果树，以及杨树和枫树等林木。

初孵幼虫只食叶肉，将叶片食成网状，幼虫长大以后将叶食成缺刻，仅剩叶柄和主脉。

2）形态特征。

（1）成虫：体长13～16mm，翅展30～34mm，头胸和前翅基部呈黄色。前翅上有两个褐色斑点，近外缘处有似扇形的棕褐色斑纹。从顶角通过这一斑纹有一向下斜伸至后缘的深褐色纹，后翅及腹部呈淡黄褐色（图1-52）。

图 1-52 黄刺蛾成虫

（2）卵：形为椭圆形，扁平，呈淡黄色，长1.5mm。

（3）幼虫：老幼虫体长25mm，小幼虫体呈黄色，老幼虫呈黄绿色，背部有一大块紫褐色斑纹，两端大、中间细，各节有4个枝刺，胸部上面有6个、尾部上面有2个较大的枝刺（图1-53）。

（4）茧：形为椭圆形、似麻雀蛋，长1.3cm，质地坚硬，体呈灰白色，有褐色纵条纹（图1-54）。

图 1-53 黄刺蛾老熟幼虫

图 1-54 黄刺蛾的茧

（5）蛹：体长12mm左右，形为椭圆形，呈黄褐色。

3）发生规律及习性。

此虫在河北北部1年发生1代，河北中部到长江流域1年发生2代，以老熟幼虫在树枝上或枝杈处结茧越冬。1年发生1代者，成虫于6月中旬出现，白天静伏于叶背面，夜间活动，有趋光性，卵产于叶背，数十粒连成一片，呈半透明，卵期为7～10天，幼虫于

7月中旬至8月下旬为害，小时喜群栖，长大则分散。1年发生2代者，越冬代幼虫于5月下旬至6月上旬羽化，第1代幼虫于6月中旬孵化为害，7月上旬大量为害，幼虫共分7龄，幼虫期约为30天。幼虫老熟即在枝上结茧化蛹，蛹期为15天。第2代幼虫于7月底开始为害，8月上中旬为幼虫孵化盛期，8月下旬第2代幼虫老熟，在枣枝上结茧越冬，9月上中旬达盛期，下旬越冬茧可全部完成。

4）防治方法。

（1）人工防治：冬春掰虫茧，或将枝上虫茧打碎，或结合修剪把虫茧剪破。注意保护被黄刺蛾天敌寄生的茧不被破坏，识别方法是茧顶部有一个褐色小洼坑。也可在成虫发生期用黑光灯诱杀成虫。

（2）药剂防治：幼虫为害盛期，可选用下列药剂防治：80%敌百虫1000倍液；50%敌敌畏800～1000倍；50%巴丹可湿性粉剂（杀螟丹）800倍液；10%二氯苯醚菊酯乳油2000～3000倍液；20%速灭杀丁6000～8000倍液；2.5%敌杀死2000～3000倍液；10%吡虫啉2000～3000倍液；25%灭幼脲3号2500倍液。

（3）生物防治：黄刺蛾的天敌有五齿青蜂、黑小蜂等，多寄生越冬茧。为了防治害虫又保护天敌，可将采下的虫茧放在饲育笼内，饲育笼的网孔要比刺蛾成虫的胸部小，以防止刺蛾成虫飞出，而寄生蜂则可钻出继续繁殖寄生。

2. 扁刺蛾

扁刺蛾属鳞翅目刺蛾科，又名黑点刺蛾，俗称洋辣子。

1）分布及为害。

分布普遍，食性杂，同黄刺蛾。

2）形态特征。

（1）成虫：为中型蛾子，体长15～18mm，翅展26～35mm，全体呈灰褐色。复眼呈灰色。前翅自前缘至后缘有一条向内倾斜的褐色条纹，前翅斜纹内侧略靠上方有一褐色点（图1-55）。

（2）卵：体呈黄白色、椭圆形，扁平，长径为0.5mm。

（3）幼虫：老熟幼虫体长21～26mm，形为扁椭圆形，背稍隆起。身体边缘每侧有10个肉质瘤状突起，上生刺毛。背部每一体节有两小丛刺毛，体呈绿色，背线呈白色，边缘呈蓝色，第4节背面两侧各有一红点（图1-56）。

图1-55 黄刺蛾成虫

图1-56 扁刺蛾的幼虫

（4）茧：形为椭圆形、似雀蛋，体呈暗褐色。

（5）蛹：形为近椭圆形，体呈黄褐色，长 10～15mm。

3）发生规律及习性。

在河北省 1 年发生 1 代，以幼虫在树下 3～6cm 深处土内做茧越冬，次年 5 月中旬化蛹，6 月上旬开始羽化成虫，2 天后产卵于叶片上，卵期约为 7 天，此虫的发生很不整齐，幼虫自 6 月中旬出现，到 8 月上旬还有初孵幼虫，为害最严重时期为 8 月中下旬，8 月下旬开始入土做茧越冬。

4）防治方法。

（1）挖茧：利用此虫在树下土中做茧越冬的习性，冬春组织人力挖茧。如能细致挖找，可有效控制此虫的发生。

（2）药剂防治：参看黄刺蛾部分。

3. 褐缘绿刺蛾

褐缘绿刺蛾属鳞翅目刺蛾科，又名青刺蛾，俗称洋辣子。

1）分布及为害。

发生普遍，为害枣、梨、苹果、核桃等多种果树。

2）形态特征。

（1）成虫：体长 15～16mm，翅展 36mm，头胸为绿色。前翅基部呈褐色，中部呈绿色，近外缘呈黄色，黄色部分边缘有褐色条纹，外缘及缘毛呈黄褐色，后翅呈淡黄色（图 1-57）。

（2）卵：形为扁椭圆形，体呈乳白色。

（3）幼虫：长约 25mm，形为圆筒形，初孵幼虫体呈黄色，长大后呈绿色，各体节有 4 个瘤，各瘤上生有刚毛 1 丛，腹末有蓝黑色刚毛 4 丛（图 1-58）。

图 1-57 褐缘绿刺蛾

图 1-58 褐缘绿刺蛾幼虫

（4）茧：形为椭圆形，体呈暗褐色（图 1-59）。

（5）蛹：形为椭圆形，体呈黄褐色。

3）发生规律及习性。

1 年发生 1 代，以老熟幼虫在树干基部附近土内结茧越冬，其他生活习性和发生期与扁刺蛾相近。

4）防治方法。参看扁刺蛾部分。

4. 棕边绿刺蛾

棕边绿刺蛾属鳞翅目刺蛾科，又名大黄刺蛾、棕边青刺蛾。

1）分布及为害。

分布在河北、河南、山东等省。食性很杂，为害枣、苹果、梨、杏、海棠、沙果、柿、核桃、杨、榆、柳等果树和林木。

2）形态特征。

（1）成虫：体长9～11mm，翅展23～26mm。头小，复眼呈褐色，头顶和胸背呈绿色，腹背呈苍黄色。前翅呈浅绿色，基部及外缘为棕褐色，外缘边缘为波状条纹，呈三度曲折，可与褐缘绿刺蛾区分；后翅呈浅黄色，外缘渐呈淡褐色（图1-60）。

图1-59　褐缘绿刺蛾的茧

图1-60　棕边绿刺蛾成虫

（2）卵：形为椭圆形、扁平，体呈乳白色，长1.5mm左右。

（3）幼虫：体长17mm左右，略呈长筒形，初孵时呈黄色，后变绿色。前胸背板有一黑斑，各体节上有4个瘤状突起，丛生粗毛。在中、后胸背上及腹部第6节背上的刺毛为黑色。腹部末端并排有4丛黑色细密的刺毛。

（4）蛹：体长15mm左右，形为椭圆形，体肥大、呈淡黄至黄绿色。

（5）茧：长16mm，形为椭圆形，体扁平、呈淡褐色、坚硬，结茧在树枝上（图1-61）。

图1-61　褐缘绿刺蛾的茧

3）发生规律及习性。

在正定地区1年发生2代，以老熟幼虫在树体上结茧越冬。4月下旬开始化蛹，蛹期为25天左右，5月中旬开始羽化，越冬代成虫发生期为5月中下旬至6月下旬。成虫寿命为10天左右。成虫昼伏夜出，有趋光性，对糖醋液无明显趋性。卵多产于叶背中部主脉附近，块生、形状不规则，多为长圆形，每块有卵10粒，每雌产卵100余粒，卵期为7～10天。第1代幼虫发生期为6月上旬至8月上旬，初孵幼虫群集为害，在叶背面啃食下表皮和叶肉，留上表皮，成透明网状，幼虫长大分散为害。第1代成虫发生期为8月上旬至9月上旬，第2代幼虫发生期为8月中旬至10月下旬，10月上旬陆续老熟，爬到枝干上结茧越冬，以树干基部和粗大枝杈处较多，常数头至数十头群集在一起。

4）防治方法。

（1）人工防治：于冬季或春季在成虫羽化前，查看树干，发现虫茧即行敲打，杀死越冬幼虫；幼虫初发生期采摘有虫叶，集中杀死幼虫。

（2）诱杀成虫：成虫发生期用黑光灯诱杀。

（3）药剂防治：参见黄刺蛾。

相关链接

刺蛾的发生与防治歌谣

枣树刺蛾种类多，鳞翅目的刺蛾科。

别名扫角洋辣子，八角或者刺角子。

其中包括黄刺蛾，绿刺蛾和枣刺蛾，棕边刺蛾扁刺蛾。

黄刺蛾，发生多，前翅两斑是褐色。

卵扁平，椭圆形，茧像雀蛋挂空中。

绿刺蛾，体型中，茧在土中越严冬。

扁刺、枣刺性相近，形态习性略不同。

一年一代到两代，都用作茧越寒冬。

防治之时护天敌，上海青蜂黑小蜂。

结合冬剪消灭茧，秋季耕翻灭虫蛹。

生化防治巧配合，园内安装杀虫灯。

速灭杀丁一千倍，菊酯药物用就灵。

（五）蚧壳虫

1. 日本龟蜡蚧

日本龟蜡蚧（如图1-62）又名枣龟蜡蚧，俗称枣虱子，属同翅目、蜡蚧科。

1）分布与为害。

日本龟蜡蚧分布于河北、河南、山东、山西、陕西、安徽、湖北、湖南、江西、江苏、福建、四川、广东、台湾等省。已知寄主植物达40余科100多种，除严重为害枣树外，还可为害柿、苹果、梨等。以成虫和若虫刺吸1～2年生枝条和叶片的汁液，并分泌大量排泄物，引起煤污菌寄生，使枝条、叶片、果实布满黑霉，严重影响光合作用和枝条、果实的正常生长，引起早期落叶，幼果脱落，树势衰弱，严重时可使枣树整枝或整株枯死。

2）形态特征。

（1）成虫：雌成虫虫体为椭圆形，呈紫红色，触角有5～7节，足发达，蜡质介壳呈白色，背面隆起，有龟形纹。雄成虫呈棕褐色，有翅1对，体长1.3mm左右，翅展2mm

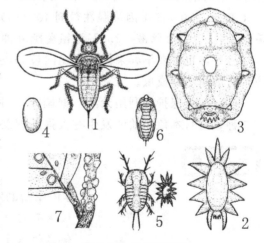

图1-62 日本龟蜡蚧

1. 雄成虫 2. 若虫背面观 3. 雌成虫
4. 卵 5. 若虫 6. 蛹 7. 枝条被害状

左右，触角丝状，有 10 节，翅白色透明，有 2 条明显脉纹。

（2）卵：呈椭圆形，长约 0.3mm，初产时呈淡橙黄色，近孵化时呈紫红色。

（3）若虫：初孵若虫体扁平，呈椭圆形，长约 0.5mm，孵出约 14 天后，体背出现蜡质介壳，周围为星芒状蜡角。3 龄后雌若虫介壳上出现龟形纹。

（4）蛹：雄蛹呈棕褐色，为裸蛹，长约 1.2mm，宽约 0.5mm。

3）生活习性及发生规律。

1 年发生 1 代，以受精雌成虫在 1～2 年生枝条上越冬，尤以当年生枣头上最多。翌年 4 月底 5 月初枣树萌芽时，越冬雌成虫恢复吸食并开始发育，虫体迅速增大。5 月下旬或 6 月上旬开始产卵，6 月中旬前后为产卵盛期。卵产于母体下，一般每头雌虫产卵 1000～2000 粒，充满雌虫介壳。卵期为 20 天左右。6 月下旬至 7 月上旬为卵孵化盛期。若虫孵出后，多在上午 10 时至下午 2 时爬出介壳，沿枝条向上爬至叶片主脉两侧或枝梢上固定取食。初孵若虫还可借风力做较远距离传播。若虫固定后，开始分泌蜜露，引起煤污病。固定取食 1～2 天后，体背出现 2 列蜡点，约 14 天后，即形成完整的星芒状蜡质蚧壳。雄若虫直到化蛹始终固定在叶片上不能活动，雌若虫则有逐渐向枝条迁移的能力，而以变为成虫后向枝条迁移的为最多，8 月下旬至 9 月上旬为迁枝盛期。为害至 11 月上中旬即进入越冬期。

4）防治方法。

（1）人工防治：冬季刮除枝条上的越冬雌成虫，或结合修剪，剪除虫枝，也可在冬季枣枝上结有冰凌时，及时敲打树枝，使虫体随冰凌震落。

（2）药剂防治：药剂防治的关键是掌握好杀虫时机。从若虫孵出至形成蜡质介壳前，是杀虫的最佳时机。若虫一旦形成介壳后，药剂防治就难以奏效。在防治适期内连续用药 2 次，其间隔为 10 天左右。采用的药剂有 20% 速扑蚧杀乳油 1000 倍液，40% 速蚧克乳油 1500 倍液，50% 西维因可湿性粉剂 400～500 倍液，20% 害扑威乳油 300～400 倍液，50% 杀螟松乳油 1000 倍液，2.5% 溴氰菊酯乳油 3000 倍液，20% 杀灭菊酯 2000 倍液。

另外，也可在早春果树休眠期向枝条喷洒 10% 柴油乳剂，或 25% 喹硫磷乳油 100 倍液，防治越冬雌成虫。

（3）注意保护和利用天敌：据调查，日本龟蜡蚧的寄生性天敌有 29 种，捕食性天敌有 5 种，对日本龟蜡蚧的发生有很强的抑制作用，应加以保护和利用。

┌─────────┐
│ 相关链接 │
└─────────┘

枣龟蜡蚧的发生与防治歌谣

该虫同翅目，蜡蚧科害虫。

俗名树虱子，日本蜡蚧虫。

一年生一代，雌虫已受精。

密集枝条上，固着越寒冬。

三月始活动，四月膨大明。

六月初产卵，七月孵化成。

八月雌雄分，九月成高峰。

交尾又受精，准备再越冬。

防治蜡蚧虫，抓紧别放松。

人工刷虫源，需要刷子硬。

冬天下大雪，水雾树上冻。

木棍击树枝，震落冰和凌。

虫体随树落，防治很轻松。

护好天敌源，长盾金小蜂。

寄生虫腹下，取食蚧虫卵。

化学防治它，等到卵孵化。

此时喷农药，防治效果佳。

小知识 松脂合剂的配制方法：用松香 2kg，烧碱或纯碱 1.5kg，水 12kg，先将水倒入锅中，再将碱放入，然后加热至碱完全溶化，再把碾成细粉的松香慢慢加入，边加边搅拌，待松香粉完全溶化后，即成松脂合剂原液。在配制过程中要注意对人体皮肤的保护。

2. 草履蚧

草履蚧属同翅目、蚧科，又名硕蚧壳虫。

1）分布及为害。

该虫北起辽宁，南到福建，西至新疆，均有分布。为害枣、柿、桃、李、苹果、核桃、柑橘等果树。若虫早春群集枝条，嫩芽上吸食汁液，导致芽枯、树衰，大量落花、落果。

2）形态特征。

（1）成虫：雌虫无翅，形为扁椭圆形。体长 10mm 左右，似草鞋状，呈赤褐色，被白色蜡粉。丝状触角 9 节，呈黑色；足呈黑色；口器呈暗褐色，着生前足之间。雄虫呈紫红色，体长 5～6mm，翅展 10mm。翅 1 对，呈淡黑色；复眼球形，呈黑色；触角 10 节，呈念珠状，各珠密生长毛（图 1-63）。

（2）卵：呈椭圆形，初产呈淡黄色，后呈褐色。

（3）若虫：与雌成虫相似，然而体小色深。

（4）雄蛹：呈圆筒形、褐色，长 5mm，外被白色绵状物。

3）发生规律及习性。

该虫在华北枣区 1 年 1 代，以卵在土中越冬。翌年初春随着气温的上升，卵孵化为若虫，开始

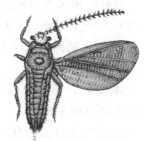

图 1-63 草履蚧
1. 雌成虫 2. 雄成虫

若虫留居在卵囊内，当树液流动时，若虫破囊出土上树，3月为出土盛期，若虫多在气温高的中午前后活动，上树吸取汁液。4月上旬若虫第一次蜕皮后，虫体增大并分泌蜡粉，4～5月若虫第三次蜕皮后，雄性若虫在皮缝、树洞内化蛹，10月左右雄成虫羽化，雌若虫三次蜕皮后达到性成熟。雌雄交配后，雄成虫死去。5～6月雌成虫下树，钻入地下5～7cm土层中，分泌白色棉絮状卵囊，产卵其中，越夏过冬。卵多在中午地温高时产出，阴雨低温天气，很少产卵。每头雌虫可产卵50粒左右，雌虫产卵后即干缩而死。

4）防治方法。

（1）人工防治：挖枣坑掘树盘或间作整地，挖出卵囊以资灭虫。

（2）生物防治：保护和利用天敌。

（3）化学防治：若虫期结合防治枣步曲，喷20％杀灭菊酯600倍液和40％氧化乐果1500倍液。

（六）灰暗斑螟

1. 寄主及为害

灰暗斑螟属鳞翅目螟蛾科，俗称枣树甲口虫。以幼虫为害枣树甲口和其他寄主伤口，造成甲口不能完全愈合或全部断离，被害树1～2年整株死亡。该虫食性较杂，为害枣、梨、苹果、杜梨、杏、旱柳、垂柳、加杨、北京杨、洋槐、白榆、香椿等17种树种。开甲的枣树受害最重，被害株率为61.4％～76.3％，年平均死亡株率为0.36％～0.54％。

2. 形态特征

1）成虫

成虫体长6.0～8.0mm，翅展13.0～17.5mm，全体呈灰色至黑灰色。下唇呈须灰色、上翘。触角丝状，呈暗灰色，长度约为前翅的2/3。复眼呈暗灰色。胸部背面呈暗灰色，腹部呈灰色。前翅呈不均匀的暗灰色至黑灰色，并由两条灰白色波状横线分为3段，两条波状横线均嵌有黑灰色宽边，缘毛呈暗灰色。后翅呈浅灰色，外缘色稍深，缘毛呈浅灰色。

2）卵

卵呈椭圆形，长径为0.5～0.55mm，宽度为0.35～0.40mm。初产卵呈乳白色，中期为红色，近孵化时变为暗红色至黑红色，卵面具蜂窝状网纹。

3）幼虫

初孵幼虫头为浅褐色，体为乳白色。老龄幼虫体长10～16mm，体为灰褐色、略扁。头宽0.75～1.10mm，头为褐色。前胸背板为黑褐色，臀板为暗褐色。腹足有5对，第3～6节腹足趾钩为双序全环，趾钩26～28枚，臀足趾钩双序中带，趾钩6～17枚。

4）蛹

体长5.5～8.0mm，胸宽1.3～1.7mm。初期为淡黄褐色，中期为褐色，羽化前头胸变为黑色（图1-64）。

3. 发生规律及习性

灰暗斑螟在河北省沧州1年发生4～5代，以第4代、第5代幼虫越冬为主交替出现，有世代重叠现象。幼虫在为害处附近越冬，翌年3月下旬开始活动，4月初化蛹，4月底羽化，5月上旬出现第1代卵、幼虫。第2代和第3代幼虫为害枣树甲口最重。第4代幼虫中在9月下旬以后结茧的部分老熟幼虫不化蛹直接越冬。第5代幼虫于11月中旬进入越冬。

成虫昼夜均可羽化，19~21时羽化量最大，占日羽化量的74.6%。成虫羽化后隔1~10天（多数隔1~3天）交尾，交尾多在午夜后进行，历时3~14h，少数雄成虫有两次交尾现象。成虫寿命平均为15天。交尾后第2天产卵，产卵期为4~9天。卵散产在甲口或伤口附近粗皮裂缝中，每头雌成虫平均产卵65粒，卵孵化率为90%左右。幼虫借助于伤口侵入，为害愈伤组织和韧皮部。初孵化的幼虫难于侵入愈合后老化的甲口。

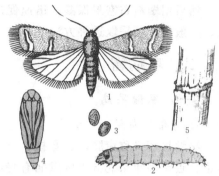

图1-64　灰暗斑螟
1. 成虫　2. 幼虫　3. 卵　4. 蛹　5. 甲口被害状

由于枣树每年开甲，细嫩的甲口愈伤组织为幼虫提供了周期性的场所，这是该虫在枣树上大量发生为害的原因。幼虫无转株为害现象，无群集性，但虫口密度大时或缺少食物时，有相互蚕食现象。幼虫蜕皮4~5次、5~6个龄次，第1~3代幼虫及第4代部分幼虫为五龄（另一部分为六龄幼虫）进入越冬。幼虫老熟后在为害部位附近选一干燥隐蔽处，结白丝茧化蛹。

4. 防治方法

1）刮皮喷药减少越冬虫源。

在越冬代成虫羽化前（4月中旬以前），人工刮除被害甲口老皮、虫粪及主干上的老翘皮，集中烧毁，萌芽前喷施波美度3°~5°石硫合剂和0.3%洗衣粉，减少越冬虫源。

2）新开甲口的保护。

采用甲口涂药、抹泥的方法可有效地防止甲口组织受虫害，保护树体正常生长、结果。做法是，开甲后，于甲口内涂5%劲锐特500倍液（氟虫腈）或48%毒死蜱400倍液均可，其他残效期长、药味浓烈的胃毒剂也可使用。具体施药方法是每5天抹药1次（一般开甲2天后再抹药，以免烧伤形成层），药液涂湿甲口即可，共涂3次。甲口晾至15~20天以后，可就地取土和泥，用泥将甲口抹平。这样既防虫，又保湿，有利于甲口愈合、组织增生。再过1周左右，甲口便愈合完整，泥土就被顶掉了。

3）甲口被害的补救。

为了避免甲口被害后树势衰弱、枯枝、死树现象，根据甲口不同被害情况可采取如下措施。

（1）甲口桥接。甲口桥接又分单头桥接和双头桥接，被害甲口下有萌条的利用萌条进行单头桥接，若没有萌条的利用健壮的1~2年生枣头一次枝做接穗进行双头桥接。单头桥接成活率达85.7%以上，双头桥接成活率达83.3%以上。桥接成活后2~3年内树势即可复壮。桥接时期为枣树萌芽期和生长前期。

（2）甲口封埋。对当年距地面很近的断离甲口及时进行甲口清理、破茬、消毒后，以湿土实施封埋，促发不定根，树体成活率高达95.2%。

（3）甲口再创愈合。对当年正常开甲宽度的被害未愈合甲口，及时清理、破茬、消毒，然后用塑料布密封保湿，迅速促进重新全部愈合。此种方法是一种简便有效的补救方法，一般情况下采取这种方法甲口在1～2个月即可全部重新愈合。

二、枣病害

（一）枣缩果病

1. 分布及为害

枣缩果病又称束腰病、雾抄、雾掠、烧茄子病。我国于20世纪70年代后期始见正式报道，近十多年来北方枣区发病有趋严重之势，成为影响局部地区红枣产量的重要因素之一。该病在我国河南、河北、山东、陕西、山西、安徽、甘肃、辽宁枣区均有大面积成灾的报道。

2. 症状

该病主要为害枣果，果实染病后会逐渐萎缩，在没有成熟时就会脱落。受害部位先于果肩或胴部出现浅黄色不规则变色斑，边缘较清晰，以后逐渐扩大，病部稍有凹陷或皱折，颜色也随之加深变为红褐色，最后整个病果呈暗褐色，失去光泽。病部果肉初为土黄色小斑块，严重时大片直至整个果肉变为黄褐色，病组织呈海绵状坏死，味苦，不堪食用。接近成熟期染病的枣果，病斑不明显，果皮提早变红，果肉呈软腐状，于成熟前脱落（图1-65）。

图1-65　枣缩果病

3. 病原

属于细菌中欧氏杆菌属的一个新种。菌体呈短杆状，大小为（0.4～0.5）$\mu m \times 1\mu m$。周生鞭毛1～3根，无芽孢。为革兰氏染色阴性。

4. 发病规律

该病靠昆虫和雨水、灌溉水传播。病原细菌从害虫（蚜虫、蝉、蝽象等）刺吸伤口侵入。发病期与果实发育期及气候因素密切相关，果实梗洼变红至果面1/3变红的着色前期、果肉含糖量达到18％以上、气温22～28℃是发病高峰期，这时遇有阴雨连绵或夜雨昼晴的天气常暴发成灾。枣树品种不同，其发病程度也不同。灰枣、木枣和灵枣最易感病。

5. 防治方法

（1）选用抗病品种：如山东的圆铃系、长红品种及河南的八月炸、九月青、齐头白、马牙枣、鸡心枣等。

（2）加强枣园害虫防治：注意刺吸式口器害虫防治，尽可能压低传病昆虫的密度。

（3）药剂防治：根据当地当年的气候条件，决定防治适期。一般年份可在7月底或8月初喷洒第一遍药，以后每隔7～10天喷1次，连续喷3～4次。药剂有72％农用硫酸链霉素3000倍液或50％DT500倍液、47％加瑞农可湿性粉剂800倍液；特别注意雨后及时喷药。每次喷杀菌剂时均应混入 90％晶体敌百虫，兼治传毒昆虫（蚜虫、蝉、蟥象等）。

（二）枣炭疽病

1. 分布

枣炭疽病分布于河南、河北、山东、山西、陕西、安徽等省。以河南灵宝大枣和新郑灰枣受害最重。果实近成熟期发病。果实感病后常提早脱落，品质降低，严重者失去经济价值。灵宝枣区因炭疽病危害一般年份产量损失 20％～30％，发病重的年份损失高达50％～80％。该病除侵害枣外，还能侵害苹果、核桃、葡萄、桃、杏、刺槐等。

2. 症状

主要侵染果实，也可侵染枣吊、枣叶、枣头及枣股。在果肩或果腰的受害处，最初出现淡黄色水渍状斑点，逐渐扩大呈不规则形的黄褐色斑块，中间产生圆形凹陷病斑，病斑扩大后连片，呈红褐色，引起落果。病果着色早，在潮湿条件下，病斑上产生红褐色黏质物，后变为小黑点（即病原菌的分生孢子盘）。剖开前期落地病果发现，部分枣果由果柄向果核处呈漏斗形变黄褐色，果核变黑。重病果晒干后，只剩枣核和丝状物连接果皮。味苦，

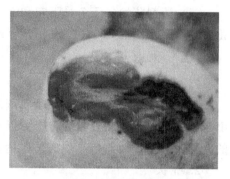

图 1-66　枣炭疽病

不能食用。轻病果虽能食用，但均带苦味，品质变劣。枣吊、枣头、枣股和叶片受侵染后不表现症状（图1-66）。

3. 病原

属于真菌中半知菌亚门、炭疽菌属。分生的孢子盘呈黑色，底部稍凹，盘上着生黑褐色刚毛，刚毛长 16.6～29.2μm，粗 2.7～5.3μm，无分隔或有 1 个分隔；分生孢子梗无色，呈短棒状；分生孢子呈长圆形或圆筒形、无色、单孢，长 13.5～17.7μm，宽4.3～6.7μm。

4. 发病规律

枣炭疽病病菌以菌丝体潜伏于残留的枣吊、枣头、枣股及僵果内越冬。翌年，分生孢子借风雨传播，昆虫也能传播，从伤口、自然孔口或直接穿透表皮侵入。从花期即可侵染，但通常要到果实接近成熟期和采收期才发病。该菌在田间有明显的潜伏侵染现象。潜伏期的长短除受气候条件影响外，与枣树生活力的强弱也有密切相关。发病的早晚和轻重，取决于当地降雨时间的早晚和阴雨天持续的长短。雨季早、雨量多，或连续降雨，阴雨连绵，田间相对湿度在 90％以上发病就早而重。枣不同的加工方法与发病程度也有密切关系。枣农加工干枣历来采用晒枣法，感病的果实，经过日晒夜堆，容易形成高温高湿条件，病情即可迅速发展，严重的可损失 50％以上。近年来采用炕烘法解决了烂枣问题。具体方法是，先将鲜枣在55～70℃温度下烘烤10h后，再行摊晒，可确保高质又丰产。发病与枣树生长的强弱有关，树势强，发病率低；树势弱，则发病率高。管理粗放的枣园发病也重，发病重的年份甚至绝收。

5. 防治方法

（1）清园：摘除残留的越冬老枣吊，清扫落地的枣吊、枣叶，并集中烧毁。结合冬季修剪剪除病虫枝及枯枝，以减少侵染来源。

（2）加强枣园管理：增施农家肥料，可增强树势，提高植株的抗病能力。冬季每株施人粪尿 30kg 或其他农家肥料 50kg，6 月雨后施碳酸氢铵 3kg，花期及幼果期可结合治虫、治病，叶面喷施 0.4％磷酸二氢钾和 0.4％尿素 3 次。

（3）合理间作：枣园内间作花生、红薯等低秆作物，可减轻病害。

（4）改变枣的加工方法：采用炕烘法，能防止高温高湿环境条件下引起的腐烂。

（5）药剂防治：于 7 月下旬和 8 月下旬两次喷洒 1∶2∶200 倍的波尔多液，可与 61％花麦特可湿性粉剂 800～1000 倍液，或 50％退菌特可湿性粉剂 600 倍液交替使用。

（三）枣褐斑病

1. 分布

枣褐斑病又名枣黑腐病，是我国北方枣区的一种重要病害。主要分布于河南、河北、山西、陕西、北京和安徽等省市。近十多年来，该病的发生日趋严重，在河南主要枣产区的新郑、南阳等地流行年份病果率达 50％左右，严重者可达 70％以上，甚至绝收。

2. 症状

该病主要侵染枣果，引起果实腐烂和提早脱落。一般在 8 月至 9 月枣果膨大发白、将要着色时，大量发病。枣果前期受害，则先在肩部或胴部出现浅黄色不规则的变色斑，边缘较清晰，以后病斑逐渐扩大，病部稍有凹陷或皱缩。颜色也随之加深变成红褐色，最后，整个病果呈黑褐色，失去光泽。剖开病果，可看到病果果肉为浅土黄色小斑块，严重时大片直至整个果肉变为褐色，最后呈灰黑色至黑色。病组织松软呈海绵状坏死，味苦，不堪食用。后期（9 月）受害枣果果面出现褐色斑点，并逐渐扩大成长为椭圆形病斑，果肉呈软腐状，严重时全果软腐。一般枣果出现症状 2～3 天后即提前脱落。当年的病果落地后，在潮湿条件下，病部可长出许多黑色小粒点，即为病菌的分生孢子器。越冬的病僵果表面产生大量黑褐色球状凸起，即为病原菌的分生孢子器。

3. 病原

属于真菌中半知菌亚门的聚生小穴壳菌。病原菌的子座组织生于寄主的表皮下，成熟后突破表皮外露，呈球状突起。每个子座内有一个至数个分生孢子器，呈近圆形，有明显孔口，其大小为（160.3～341.3）$\mu m \times$（130～325）μm。分生孢子梗和分生孢子无色，分生孢子呈纺锤形或梭形，为单细胞，大小为（18～29.2）$\mu m \times$（4.3～7.2）μm。

4. 发病规律

病原菌以菌丝、分生孢子器和分生孢子在病僵果和枯死的枝条上越冬。翌年，分生孢子借风雨、昆虫等传播，从伤口、虫伤、自然孔口或直接穿透枣果的表皮层侵入。病原菌在 6 月下旬落花后的幼果期开始侵染，但不发病，病菌侵染后处于潜伏状态。果实接近成熟时期，其内部的生理生化发生改变，潜伏菌丝迅速扩展，果实才发病。当年发病早的病果提早落地，林间湿度大时，当年又会产生分生孢子，再次侵染枣果。通过室内和田间的人工接种证明，该病菌的潜育期为 2～7 天。

发病的早晚和轻重与当年的降雨次数和枣林空气的相对湿度密切相关。阴雨天气多的年份，病害发生早而且重；反之，发生晚且轻。尤其 8 月中旬至 9 月上旬，若连续阴雨天数多，病害就会暴发成灾。发病与树势的强弱有关，树势弱发病早而重，树势壮发病晚而轻。与间作物品种有关，枣树行间种玉米等高秆作物的，因通风透光差，湿度大，有利于发病，病害发生就重；间种豆类、棉花的，因椿象、桃小食心虫等较多，为害枣果，造成伤口，便于病菌从伤口侵入，故而发病也重；与花生和红薯等低秆作物间作的，因通风透光好，湿度小，不利于发病，故而发病轻。

5. 防治方法

（1）搞好清园工作：清扫落地僵果，对发病重的枣园或植株，应结合修剪剪除枯枝、病虫枝集中烧毁，以减少病菌侵染来源。

（2）加强栽培管理：对发病重的枣园增施腐熟的农家肥，可以增强树势，提高抗病能力。枣行间种花生、红薯等低秆作物，不间种玉米等高秆作物，使枣林通风透光，降低湿度以减少发病。

（3）喷药保护：发芽前 15 天喷一遍铲除剂、波美度 3°～5°石硫合剂或 40％福美胂可湿性粉剂 100 倍液，能杀灭树体上越冬的病菌。防治褐斑病要从幼果期（6 月下旬）开始喷药保护。对历史病株和重病区的枣园应优先防治。根据所用药剂残效期的长短，隔 15 天左右喷布一次，共喷 3～4 次。可选择 61％花麦特可湿性粉剂 800～1000 倍液或 50％退菌特可湿性粉剂 600～800 倍液，与 1：2：200 倍的波尔多液交替使用。同时也可兼治枣锈病。除波尔多液外，其他药剂使用时均需加黏着剂，以提高药效。在喷药时可加入 $10×10^{-6}$～$20×10^{-6}$ 的膨果龙，可以提高坐果率，增大果实。

（四）枣烂果病

在我国各枣区均有发生，尤以河南、河北、陕西、安徽等省发生得较重。

1. 症状

枣树常发生的烂果病有轮纹烂果病、枣软腐病、枣红粉病、枣曲霉病、枣青霉病、枣木霉病等，轮纹烂果病主要为害脆熟期枣果，其余几种在枣采收期、加工期和贮藏期常有发生。

（1）轮纹烂果病：果实受害后，病斑以皮孔为中心，先出现水渍状褐色小斑，而后迅速扩大为黄红色圆形斑，受害部位果肉变褐发软，有酒臭味，重者全果浆烂。病斑上有的具有深浅颜色交错的同心轮纹。该病可导致大量落果，损失惨重。

（2）枣软腐病：果实受害后，果肉发软、变褐，有霉酸味。病果上先长出白色丝状物，随后又在白色丝状物上长出许多大头针状小黑点。

（3）枣红粉病：受害果实上有粉红色霉层，果肉腐烂，有霉酸味。

（4）枣曲霉病：受害果实表面生有褐色或黑色大头针状物，霉烂的果实有霉酸味。

（5）枣青霉病：病果变软、果肉变褐、味苦，果面生有灰绿色霉层。

（6）枣木霉病：病果组织变褐、变软，果面生长深绿色霉状物。

2. 病原

（1）轮纹烂果病毒：经对病果消毒、恒温保湿培养，分离出真菌、细菌两类微生物，病原待鉴定。

（2）枣软腐病：属接合菌亚门的分枝根霉菌，菌丝发达有分枝，分布于果实的内外，有匍匐丝与假根。孢囊梗从匍匐丝上产生，与假根对生，顶端产生孢子囊。孢子囊呈球形，其内产生大量孢囊孢子，囊壁易破裂。孢子呈球形或近球形，表面有饰纹。

（3）枣红粉病：属半知菌亚门的红粉聚端孢霉菌。

（4）枣曲霉病：属半知菌亚门的黑曲霉。

（5）枣青霉病：属单知菌亚门的青霉菌。

（6）枣木霉病：属半知菌亚门的绿木霉。

3. 发病规律

枣烂果病的各种病菌孢子广泛分散于空气中、土壤中及枣果表面，当果实有创伤、虫伤、挤伤等损伤时，病菌孢子发芽后立即从伤口侵入。影响轮纹烂果病的发生及流行的主要条件是降雨和温度，病菌借风雨飞溅传播，从枣幼果期开始侵染，果实近成熟期或生活力衰退后才发病，潜育期长。

枣果采收后，由于果实含水量高，若遇阴雨天又未及时晒枣，堆放在一起，极易发生各种病害而导致枣果霉烂；枣果贮藏期温度过高或通气不良时，也易引起霉烂。

4. 防治方法

（1）轮纹烂果病的防治：加强管理，增强树势，提高抗病力；幼果期至枣果膨大期，喷布 50％甲基托布津可湿性粉剂 800 倍液，为 10 天 1 次，共 3～4 次；发病后及时清除病果，集中深埋，可减少再侵染的病原菌。

（2）枣软腐病、红粉病、曲霉病、青霉病、木霉病的防治：①果实采收时应防止损伤，减少病菌侵入的机会。如采用乙烯利护树采收法则可避免木杆打枣造成的损伤。②采收的枣果及时晾晒或炕烘处理，可减少霉烂。③储存时，剔除伤果、虫果、病果，置于通风低温处，防止潮湿。

（五）枣锈病

1. 分布

枣锈病又称枣雾。我国各大枣区均有发生，尤以河南、山东、安徽、河北等省枣区更为严重。

2. 症状

该病主要侵害叶片。最初在叶背散生淡绿色小点，后逐渐凸起呈锈黄色小疱，即病菌的夏孢子堆（图1-67）。夏孢子堆大多数发生在中脉两旁、叶尖和叶片基部，形状不规则，直径为0.2～1mm。夏孢子堆开始产生于叶片的表皮下，当其成熟后，叶片表皮破裂，散出黄粉（即夏孢子）。在叶片正面对着夏孢子堆的地方，出现不规则的褪绿小斑点，逐渐失去光泽，以后变为黄褐色角斑。最后干枯，早期脱落。落叶先从树冠下部开始，逐渐向上部蔓延，严重时叶片可全部脱落，只留下未成熟的小枣挂在树上，以后失水皱缩，不堪食用。叶片早落不仅影响当年枣的产量，而且影响枣树生长和翌年的产量。到秋季，病叶上夏孢子堆旁边又长出黑褐色的角状物，呈不规则形，即病原菌的冬孢子堆，稍凸起，但不突破叶的表皮。冬孢子堆比夏孢子堆小，直径为 0.2～0.5mm。

3. 病原菌

属于真菌中担子菌亚门的枣层锈菌。其生活史中只发现夏孢子堆和冬孢子堆两个阶段。夏孢子形为球形或椭圆形，呈淡黄色至黄色，表面密生短刺，为单细胞，大小为（14～20）$\mu m\times$（12～20）μm。冬孢子呈长椭圆形或多角形，为单细胞，表面光滑，顶端壁厚，大小为（8～20）$\mu m\times$（6～20）μm。冬孢子上下左右排列数层而成为冬孢子堆。

图 1-67　枣锈病

4. 发生规律

病原主要以夏孢子堆在病落叶上越冬，病原也可以以多年生菌丝在病芽中越冬。第二年夏孢子借风雨传播到新的叶片上，从叶片正面和背面直接侵入引起初次感染，发病后，又可多次再侵染。枣锈病一般于7月中、下旬开始发病，8月下旬至9月初出现大量夏孢子堆。夏孢子从萌发到出现病斑，潜育期为10～15天。

枣锈病每年发病轻重与当年降水多少密切相关，降雨多，则病情重。干旱年份则发病轻。凡是低洼地的枣林，或是间种玉米等高秆作物及水浇地的枣林，锈病就重，落叶、落果严重；反之，在沙岗地或间种花生、红薯等低秆作物的枣园，锈病就轻。从发病到落叶需要30天左右，造成全树落叶则需2个月左右。枣树不同品种间抗病性有差异，河北省的赞皇大枣较为抗病，沧州金丝小枣抗性属中间类型，新郑市的鸡心枣最易感病。

5. 防治方法

（1）加强栽培管理：栽植时不宜过密。对稠密的枝条要适当进行修剪，以利于通风透光，增强树势。雨季应及时排除积水，降低枣园湿度。秋末冬初清扫落叶，集中烧毁，以减少越冬菌源。枣树行间不宜种植高秆作物。

（2）药剂防治：应以各地雨季早晚、降雨频率及雨量大小，天气及土壤湿度状况决定喷药时期。河北省枣区在7月下旬和8月中旬各喷一次200倍石灰倍量式波尔多液，也可喷800倍高铜可湿粉（三碱基硫酸铜），便可基本上控制为害。干旱年份除水浇地外，可不必喷药。

枣锈病一旦发生，要改用粉锈宁（三唑酮）进行防治。

相关链接

枣锈病的发生与防治歌谣

此病枣区常发生，人们说是雾蔫病。

叶上病斑生一层，发生严重叶落净。

病源落叶上面停，孢子传播借雨风。

高温多雨来得快，干旱年份发病轻。

品种之间有区别，不同品种不同性。

　　七月连阴雨不停，锈病必然大发生。

　　防治此病要用功，清除落叶要干净。

　　七八月份是关键，治病喷药莫怠慢。

　　波尔多液杀菌剂，七月上旬别迟疑。

　　八百倍的绿得保，保果灵来效果好。

　　粉锈宁是好农药，半月一次喷周到。

（六）枣疯病

1. 分布

枣疯病在枣产区分布较普遍，除河北与山东接壤的盐碱地枣区没有或发病极轻外，各地枣区都不同程度地受到枣疯病的为害。其中河北玉田，北京密云，山东巨野、邹县、滕县，安徽歙县，广西灌阳等枣区已因枣疯病而造成毁灭性的灾害。河南内黄，山西运城、稷山及河北阜平等枣区也日趋严重。

2. 症状

图 1-68　枣疯病

此病为害枣树和酸枣树。主要表现是花器返祖和芽的多次萌发生长，导致枝叶丛生呈疯枝状，染病花的各部分大多数变为叶片或枝条，花梗延长，一般为 6～15mm。花萼部位轮生 5 个小叶片，长 3～11mm，宽 2～8mm。花瓣变成小叶。开花期此症明显，至后期即脱落。雄蕊变成小叶或枝条，雌蕊消失或变成一个小枣头。花器变成的小枝基部腋芽又往往萌生小枝条。发病枝条的正芽、副芽同时萌发，而萌发的枝条上的正、副芽又多次萌发，枝条纤细，节间缩短、叶片缩小，形成丛枝状，且入冬不易脱落。已染病的叶片黄化，黄绿相间，叶片主脉可衍生形成耳形叶，叶小而脆，秋季干枯，冬季不落；棘刺可变成托叶形。枣吊可延长生长，叶片变小，有明脉。病树因花变叶，一般不结枣。但在开花期尚未显病的枝上往往还能结枣。因此，同一病株上的病枣大小差别很大，着色参差不齐，呈花脸状，果面凹凸不平，果肉疏松，失去食用价值。严重的病果干缩，变黑早落。根系病变后，萌生的根蘖也呈稠密的丛枝状，后期根皮块状腐朽，易与木质部分离脱落（图1-68）。

3. 病原

枣疯病原为类菌质体（MLO），分布于韧皮部筛管和伴胞中，是介于病毒和细菌之间的单细胞棒状物，横径为 12μm，长度可达 100μm。类菌质体在细胞间通过胞间连丝沟通传染。

4. 发病规律

枣疯病发病时，一般先在部分枝或根蘖上表现症状，然后扩及全树。由于芽的不断萌发，无节制地抽生病枝且又生长不良，故因大量消耗营养，终使枝条以致全株死亡。一般枣苗、小树从发病至枯死 1～3 年，大树 3～6 年即枯死，树越健壮，树冠越大，死亡过程越慢。在同株上，主干下部的枝条发病早于上部，枝条顶部、主干和大枝的当年生枝条或萌蘖以及根蘖发病严重。据观察，根蘖繁殖和各种嫁接方法均能传病，嫁接后，潜育期最短为 25～31 天，最长可达 372～382 天。病原侵入树体后，先下行至根部，然后再传至别的枝系或全树。花粉、种子、疯叶汁液和土壤是不传病的。病树和健康树的根系自然靠近或新刨病树坑立即栽植枣树也都不传病。河北省昌黎果树研究所研究证明：中国拟菱纹叶蝉、橙带拟菱纹叶蝉、凹缘菱纹叶蝉，闪光小叶蝉等是传播病原的媒介。

枣疯病的发生与立地条件、管理水平有关，与品种也有关系，较抗病的有陕北的马牙枣、长铃枣、酸铃枣，山西交城骏枣、婆婆枣，广西藤县红枣，河北屯子枣、大酸枣发病轻或不发病。树势强壮发病轻，当树势由强变弱时，病情逐年加重。

5. 防治方法

（1）压低病源：新病区可在春秋季彻底刨除病树，病蘖则随见随刨，以防蔓延。刨树时，注意将大根刨净，以免再发生病根蘖。重病区连续数年刨除病株，可基本上抑制病害蔓延扩展。在刨除病树的同时，应及时补植小树，以弥补产量损失。有的地区对初发病枝采取及时剪除的办法以减少病原，未发病枝条则保留结果，待无结果能力时再行全株刨除。

（2）健株育苗：挖取根蘖苗时应严格选择，避免从病株上取根蘖苗；嫁接时采用无病的砧木和接穗。

（3）加强树体管理，力求壮树防病。

（4）选育抗病品种，从育种角度选育抗病品种，这是今后的育种方向。

（5）除治传病昆虫。为减少传病媒介，一般可在 4 月下旬枣树萌芽时，喷布 50％杀螟松乳油 2000～3000 倍液，防治中国拟菱纹叶蝉等初龄幼虫；5 月中旬花期前喷布 10％氯氰菊酯 5000 倍液，防治第一代若虫，兼治凹缘菱纹叶蝉；6 月下旬枣盛花期后，喷布 80％敌敌畏 2000 倍液，防治第一代成虫，7 月中旬喷布 20％速灭杀丁 3000 倍液。

三、无公害枣树病虫害综合防治技术

（一）农业防治

1. 加强管理，增强树势，提高抗病虫能力，是驻防病虫害发生的有效措施

根据枣树为喜光性树种的特性，在枣树栽植时，应选择在开阔的向阳坡地上，在平原则应加大株行距，并修剪成透光性强的树形，保证冠内无弱枝、密枝、拥挤枝和重叠枝，采取剪除病虫枝、清除枯枝落叶、刮除树干翘裂皮、翻树盘、科学施肥等措施抑制病虫害发生。

2. 选用或培育无病虫的枣苗

有些病虫害是通过枣苗、接穗、种子等繁殖材料进行传播的，因此，除了做好植物检疫外，应把选用或培育无病虫的枣苗作为一项十分重要的基础措施来抓，尤其是新建枣园，如枣树的根癌病是通过苗木调运进行传播的，因此栽植前一定要对枣苗进行细致的挑挑；又如，枣疯病主要通过嫁接和叶蝉进行传播，因此使用无病虫枣苗、接穗等非常重要。

3. 刮粗翘皮，清除枣园病枝落叶

"惊蛰"后，有枣黏虫、枣粉蚧、斑衣蜡蝉发生的枣园，将树干、大枝、枝杈处的老翘皮、虫蛀皮等刮净，集中处理，可减少越冬病虫源。刮皮以刮去黑皮，露出红皮，不伤白皮为宜。秋季落叶后，及时清扫枣园中的落叶、杂草、病果，结合冬剪剪除病虫枝，与老皮一起带出园外烧毁，减少越冬病虫的数量（图1—69）。

4. 封冻前深翻，浇封冻水

在封冻前对全园进行1次深翻，破坏土壤中越冬蛹的蛹室，以此来降低越冬虫口密度。深翻深度一般为20～30cm，随后浇1次透水。

5. 树干涂白

用石灰水将树干涂白，减少病虫害在树干上越冬的机会，减少越冬病虫源（图1-70）。

图1-69　刮过树皮的枣树　　　　　图1-70　树干涂白

6. 剪虫枝，掰虫茧

结合冬季修剪，将枣疯病枝、龟蜡蚧、枣豹蠹蛾、六星黑点蠹蛾虫枝剪去。如枣树发生干腐病，则可锯掉已坏死部分，并用1%甲醛液涂刷以消毒。掰掉树上越冬的害虫虫茧，如黄刺蛾、棕边绿刺蛾和黑纹白刺蛾的茧。

7. 科学施肥浇水

要及时进行枣园的排灌水工作，以利枣树根系的健康生长。为保证树体的健康生长，还要求每生产100kg鲜枣，施纯氮0.7～1.0kg，施五氧化二磷0.5～0.6kg，施一氧化二钾0.7kg。

（二）物理防治

根据害虫生物学特性，采取树干缠塑料膜和草绳、覆盖地膜、黑光灯、糖醋液等方法诱杀害虫。

1. 树干缠塑料膜、缠草绳

在有枣步曲及食芽象甲、大灰象甲为害的枣园，每年惊蛰后至清明前，在树干距地面60cm高以上处缠20cm宽、长于干周5cm的塑料膜，用细绳先把上边扎紧，再把塑料膜折起来，使上边变成下边，将树下细土装入，使膜鼓起，最后把上边扎紧，可有效地阻挡枣步曲雌蛾和食芽象甲、大灰象甲上树为害。同时，在由此向下30cm处，在树干上再缠一圈草绳，诱使枣步曲雌蛾产卵于草绳内。10 天换 1 次草绳，将解下的草绳烧掉，可有效地防治枣步曲的危害。在有枣黏虫危害的枣园，每年 9 月上旬前，在刮粗皮后当年幼虫化蛹前，在树干上束一圈草绳，可诱集黏虫幼虫入草绳化蛹，当封冻后解下烧掉，消灭残存的枣黏虫。

2. 涂废机油或粘虫胶

清明前后，枣树发芽前，在枣树主干分叉以下（不要距离地面太近）涂抹 1 次无公害粘虫胶，间隔 2～3 个月后再涂抹 1 次，可阻杀其上树危害，使用时先用 2～2.5cm 宽的胶带在主干分枝的下方光滑部位缠绕一圈，然后直接用手将无公害粘虫胶均匀地涂在上面，直径为 13cm（周长 40cm）左右的树用量 1.5～2.5g。注意：涂抹无公害粘虫胶不要太薄或间断。另外，黏虫太多或粘有很多尘土等杂物后会影响效果，所以需认真观察，发现没有黏度后要及时重新涂抹，防止草、树枝等物"搭桥"。

粘虫胶的使用方法

黄色粘虫胶涂于白色的载板上，制成黄色粘虫板，用来消灭蚜虫、梨茎蜂、螨类等大多数害虫；蓝色的虫胶涂于白色的载板上，制成蓝色粘虫板，用来消灭蓟马等害虫；乳白色的粘虫胶涂于白色的载板上，制成白色粘虫板，用来消灭小菜蛾等害虫。

3. 地面覆盖地膜，阻虫上树

有桃小食心虫、枣瘿蚊等入土越冬的枣园，每年立夏时，地面覆 1m×1m 的薄膜，以阻挡这些虫的出土和上树为害。

4. 捕杀法

对园中害虫如天牛、枣尺蠖、枣黏虫等在发生危害期进行人工捕捉，也可在黄斑蝽象、棉铃虫等害虫产卵期及时地进行抹卵。

5. 诱杀法

①灯光诱杀。可在棉铃虫等害虫发生期，在枣园中挂黑光灯进行诱杀。②黄板诱蚜、诱粉虱。利用蚜虫、粉虱对黄色有趋性，选一长方形（30cm×50cm）木板，木板板面涂黄色广告漆，在木板外包两层塑料薄膜，四周用方框固定，木板左右各加一根支柱，然后在木板上的塑料薄膜外涂机油或凡士林，插入密植园即可。也可将涂上机油的黄色纸条挂在树枝上。③糖醋盆。将糖醋液（红糖 250g、醋 500g、水 5kg），置入废旧罐头瓶中，悬挂于树上。

（三）生物防治

生物防治是确保枣产品无公害的重要措施。人工释放赤眼蜂，保护瓢虫、草蛉、捕食螨等天敌，土壤施用白僵菌防治桃小食心虫、枣尺蠖、枣黏虫等。利用昆虫性外激素诱杀或干扰成虫交配。

1. 保护和利用害虫天敌

在园中要注意保护如蚂蚁、青蛙及一些有益的鸟类，并可在园中间种一些天敌喜欢在其上栖息的作物来招引天敌昆虫。如蚜虫、红蜘蛛、介壳虫、枣尺蠖、棉铃虫可保护利用草蛉等天敌控制。也可在鳞翅目害虫产卵期释放赤眼蜂来控制。

2. 使用生物制剂

病害可以利用各种农用抗生素来控制，如细菌性病害缩果，可选用农用链霉素 $100\sim140\mu g/mL$ 进行喷雾；真菌性病害可用农抗 120 抗生素 600 倍，螨类可选用阿维菌类（如虫螨克 1500 倍）防治，食心虫可选用 BT 制剂 200 倍液防治。

（四）化学防治

化学防治一定选择使用无污染的生物、动物源与特异性农药、无机农药和矿物性农药。如枣树发芽前可选用波美度 $3°\sim5°$ 的石硫合剂进行喷雾，生长季节可选用绿盾丰 1000 倍喷雾。在不得不使用化学农药时，要严格执行安全期施药，在摘果前 1 个月禁止施用化学农药。

1. 用药原则

根据防治对象的生物学特性和为害特点，允许使用生物源农药、矿物源农药和低毒有机合成农药，有限度地使用中毒农药，禁止使用剧毒、高毒、高残留农药。

2. 科学合理使用农药

①加强病虫害的预测预报，做到有针对性地适时用药，未达到防治指标或益虫害虫比例合理时不用药。②严格按照规定的农药种类、浓度和使用次数、间隔等使用农药，不使用未核准登记的农药。③根据天敌发生特点，合理选择农药种类、施用时间和施用方法，保护天敌。注意不同作用机理的农药交替使用和合理混用，以延缓病菌和害虫产生抗药性，提高防治效果。坚持农药的正确使用方法，施药力求均匀周到。

值得注意的是，药物防治害虫，第一要及时，根据虫情预报在发生初期及时用药。第二要集中时间群防群治，即在所有发生地块上，同时进行治疗，才能收到较好的防效，而且能降低防治病虫的成本。

相关链接

利用粘虫胶防治害虫

粘虫胶是采用物理杀虫技术而制作成的一种无公害农药，为淡黄色或无色、无味、无毒、无腐蚀、无残留的不透明状半液体。在自然条件下使用，有效期为 4 个月以上。具有抗紫外线，抗灰尘，耐酸、碱腐蚀，不怕日晒、雨淋，抗风化等优点。

粘虫胶可广泛应用于各种果树及林木，在树木整个生长季节都能起到很好的防虫效果。它可以防治从地表向树上转移的害虫。据统计 85% 的害虫来源于地表，使用粘虫胶后可以彻底切断虫源，使害虫完全截于树下，大大地减少了害虫的基数。做到树上治净后，地表害虫无法上树为害，节省用药量，减少开支。把粘虫胶涂于树干上，可有效阻杀所有具有上下迁移习性的林果害虫。如防治枣树上的红蜘蛛、枣尺蠖、食芽象甲，效果可达

99%以上，与其他措施结合防治枣粉蚧、绿盲蝽象效果可达95%以上；防治枣尺蠖、草履蚧、大灰象甲等，效果可达98%以上。另外，可阻杀由于风雨掉落地面的害虫幼虫以及地面杂草和间作物上的害虫幼虫再次向树上转移危害，从而大幅度地减少喷施农药的次数。初次使用时间为害虫最早上树或下树以前。树皮粗糙的，可以先缠上一圈胶带，再在胶带上涂胶。树皮光滑的，可以直接涂胶。早春刮树皮时，边刮皮边涂胶是很经济的树木保护方式。胶环宽度为5cm左右为好，涂胶要均匀。

思考与训练

1. 桃小食心虫为害状是什么？
2. 桃小食心虫有哪些习性？
3. 桃小食心虫的预测预报方法有哪些？
4. 试述螨类对枣的为害。
5. 调查当地枣园螨类的发生情况，制定具体防治措施。
6. 试述各类刺蛾对枣树的为害症状。
7. 试述各类刺蛾在防治方法上的异同点。
8. 调查当地枣园中存在哪些蚧壳虫？试述各种蚧壳虫对枣树的为害状及其防治方法。
9. 各种蚧壳虫在防治上有哪些异同点？
10. 枣缩果病、炭疽病和褐斑病的症状特点是什么？它们的病原分别是什么？如何防治？
11. 枣树常发生的烂果病有哪些？它们的病原分别是什么？试述枣各种烂果病症状特点及其防治方法。
12. 如何识别枣锈病与枣疯病？试述它们的防治方法。
13. 枣锈病、枣疯病发病轻重与哪些因素有关？如何防治？
14. 调查当地枣园病虫害发生情况，制定适合当地的枣树病虫害防治历。
15. 叙述无公害枣树病虫害综合防治技术。

第八节 枣果实处理技术

任务描述

经过一个生产周期的劳作，果农终于见到即将成熟的果实。然而在枣变红到销售的过程中，又面临着裂果烂果的困扰，每年因此损失很大，果农为此颇为头疼，这已成为影响枣生产的瓶颈环节。本次任务学习冬枣采摘与贮藏保鲜技术、枣烘干与加工技术。

一、冬枣采摘与贮藏保鲜技术

案例分析

2003年，冷藏冬枣成了"烫手的山芋"

冬枣，享有"鲜果之王"的美誉，近几年在市场上一直价高畅销，成为枣农致富的摇钱树，也令保鲜储存冬枣的人们获利颇丰。2002年，因收购价偏低，冬枣储存户普遍受益，储存5000kg冬枣能赚2万~10万元。

受上年"暴利冬枣"影响，2003年整个沧州冷库比上年猛增了近1倍，以至于在2003年国庆节前后，冬枣产区上演了抢枣大战，为多储存冬枣，收购商竞相提价，收购价由每公斤12元直冲到了30元。

更为糟糕的是，抢购的结果导致冬枣采摘期大大提前，大部分冬枣采摘时只有六七成熟。价高而品质下降。

短短两个多月后，采摘时景象不见了，12月下旬记者在黄骅孔店这里看到，村里冷库林立的街道上冷冷清清，一些"冬枣每斤5元"的牌子立于路边；有库主焦灼地眺望着驶进的车辆，却少有人肯在此停留。冷库院里，专门的雇工从早忙到晚分拣变坏的冬枣，白白扔掉。"10个存枣户有8个赔钱"。

储存冬枣的巨大损失令人们欲哭无泪，冷藏冬枣成了"烫手的山芋"，"烫焦"了枣，"烫伤"了存枣户的手。

（一）冬枣采摘

1. 冬枣采摘期的确定

根据冬枣的成熟程度，按枣果皮色和果肉的质地变化可将冬枣成熟期分为白熟期、脆熟期和完熟期。

1）白熟期

果实膨大至已基本定型，显现冬枣的固有形状，果皮细胞中的叶绿素消减褪色，由绿变白至乳白色，果实肉质较疏松，汁液较少，甜味淡，果皮白色有光泽。

图1-71 进入脆熟期的冬枣

2）脆熟期

白熟期以后，果实向阳面逐渐出现红晕，果皮自梗洼、果肩开始着色，由点红、片红直至全红。此时果实内的淀粉开始转化，有机酸下降，含糖量增加，果肉质地由疏松变酥脆，果汁增多，果肉呈绿色或乳白色，食之浓甜略有酸味，酥脆清香爽口，果肉细腻口含无渣，口感极佳，充分体现出冬枣特有的风味，此时为最佳食用期，也是冬枣的最适采摘期，如图1-71所示。

3）完熟期

脆熟期之后果实进一步进入完熟期，此期冬枣果皮色泽进一步加深，养分继续积累，含糖量增加，水分含量和维生素C的含量下降，果肉开始变软，果皮出现皱褶，此时的冬枣已失去鲜食枣的商品价值，已错过最佳采收时期。

提个醒

要吸取过去的教训，适时采收，保证品质，才能使冬枣产业长远、健康发展，保障种枣、销枣、吃枣者的长久利益。

冬枣是属于货架期较短的鲜食果口，产量大幅度提高后必须通过冷库贮藏来调节市场需求，达到均衡上市供应。据实验研究，冬枣的成熟度越低，耐贮性越高，储存时间越长。为区别不同用途的采摘期，又将冬枣的脆熟期分为半红期和全红期。半红期是冬枣果实着色面积达到25％～50％，此时适宜贮藏和远距离运输调运冬枣，是冬枣主要的采摘时期。果实着色面积达到50％至果面全红，为全红期，此期适宜随采随食用，或采后当天能进入市场的地方作为采收期，此期冬枣虽然口感优于半红期，但货架期短，不宜作为大量冬枣的采摘期。

2. 冬枣采摘时的注意事项

冬枣果皮薄，果肉细嫩酥脆，自由落地枣果即将破碎裂口。因此，冬枣只能用人工摘果，不能用木杆振落或乙烯利催落的方法采收冬枣。人工摘果必须轻摘、轻放，避免摔伤、果柄拉伤和机械损伤。人工用手摘果时要一只手握住枣吊，另一手握住枣果底部向上托掰冬枣，保证果柄处不受损伤，不能用手揪拉果实，避免拉伤果柄与果实连接处果肉，降低果实的耐贮性。最好一手托住果实，另一手用剪子低于果肩将果剪下，轻轻放入容器内。用剪子采摘的果实能保证果柄处不受损伤，果柄也不用再剪短。盛枣果的容器可用果篮、果箱等容器，内壁一定铺垫柔软的织物，保证果实不受伤害。

摘下的果实要进行挑选，将有病虫危害、机械损伤的果实挑出，并将手摘的冬枣果柄低于果肩剪短，可避免果实间的扎伤。然后进行分级、包装，即完成果实的采摘，如图1-72所示。

3. 冬枣果实分级和包装方法

冬枣分级：一般分四级，单果重25g以上的定为特级枣，20～24g的为一级果，10～19g为二级果，9g以下的果实为三级果。

图1-72　冬枣园的冬枣

冬枣适宜进行二次包装，一次为贮藏包装，一次为商品包装。贮藏包装要求包装材料无毒，容器容量一般为10～15kg，要具有抗压、抗冲击、抗潮湿，水湿后不变形，内壁光滑柔软和透气的装置，一般采用高强度耐潮湿的瓦棱纸箱或无毒塑料周转箱。

直接销售或贮藏后出售的冬枣可进行商品包装，简易的是用2.5～5kg的小包装箱装枣出售。高级包装可采用小礼品盒装枣，再用精美的大包装箱盛礼品盒，一般净重5～

10kg 一箱。礼品盒设计应精美，用无毒硬塑料或纸制成底盒，盒盖用透明无毒材料制成，每盒盛 0.5kg 冬枣。

冬枣运输要快捷、安全、轻搬轻放，远离污染源，保证果品的安全。

（二）冬枣贮藏保鲜技术

1. 影响冬枣贮藏的主要因素

影响冬枣贮藏保鲜的主要因素有果实的内在因素和外界环境。

1）果实的内在因素。

（1）枣果成熟程度。冬枣果实在成熟过程中，颜色、风味、含水量和营养成分都在不断地发生变化，呈现不同的成熟度。一般成熟度低较成熟度高的枣果耐贮藏，保鲜期随着果实成熟度的提高而缩短。大量的贮藏研究表明：同在 0℃ 条件下贮藏同树的冬枣，初红果贮藏保鲜期最长，半红果次之，全红果最短。采收过早营养积累尚未完成，还不具备冬枣的风味，虽然贮藏期延长，但贮藏后的冬枣品质明显下降，得不到消费者的认可。2003年有的经营者片面追求冬枣的贮藏期，在冬枣的白熟期就采摘入库，尽管贮藏期延长了，出库后的冬枣外观尚好，风味口感极差，在市场上受到消费者的冷落，购买者大呼上当。所以，应研究冬枣半红期的贮藏保鲜技术，靠掠青来实现延长贮藏期是不可取的。

（2）植物激素影响。果实内乙烯、脱落酸等内源激素的生成加速了果实的后熟和老化，对果实贮藏保鲜极为不利，应控制其浓度延缓果实的后熟和衰老。合理地使用乙烯和脱落酸的拮抗剂，如赤霉素、萘乙酸和 2,4-D，可以减轻落果，延长着色，对采后贮藏保鲜有延长作用。

（3）果实水分。果实生长发育离不开水分，也是细胞质的主要组成成分，鲜食品种果实中含水量一定要充足，失水后难以恢复原来的鲜脆状态。因此，冬枣在销售或贮藏过程中，要十分注意并采取有效措施尽量减少果实水分的丧失。

（4）呼吸作用。冬枣采收后仍是一个有生命的有机体，一切生命活动仍在继续，只是相对减弱。呼吸是果实采后的主要生理活动，将淀粉、糖类、脂肪、蛋白质、纤维素及果胶等复杂有机物经过生化反应、氧化分解为简单的有机物，最终生成二氧化碳和水，产生能量。而能量是维持自身生命活动所必需的，一切生命活动都离不开呼吸。有氧气参与的呼吸为有氧呼吸，无氧气参与的呼吸称为缺氧呼吸或无氧呼吸，是在分子内的呼吸。无氧呼吸消耗的物质远高于有氧呼吸，此外，无氧呼吸还能产生酒精和乙醛，当果实中酒精浓度达到 0.3％、乙醛达到 0.4％ 时细胞组织就会受到毒害，阻碍正常生理活动进行。因此，在冬枣贮藏中既要避免缺氧呼吸，又要尽量减少有氧呼吸的物质消耗，延缓衰老。

2）环境因素。

（1）贮藏温度。呼吸强度与温度关系密切，在一定的温度范围内，温度越高，果实的呼吸强度越大。据科研单位的测定，温度为 5～35℃ 时，每升高 10℃，呼吸强度增加 2～3倍。近几年储存冬枣的实践也证明了这一点。冬枣贮藏低温不是越低越好，冬枣忍耐低温的能力有一定的限度，超过这一限度的低温，果肉细胞的水分将会结冰，影响冬枣贮藏后的品质，这一温度称为冰点。一般冬枣的冰点为 −7～−5℃，由于冬枣的栽培条件和管理水平不同，冰点也有差异，在冰点以上，适当的低温将有利于延长冬枣贮藏保鲜期。

温度除与果肉的呼吸强度有关外，还与空气湿度有关，在库内水气一定的情况下，温度越低，库内的相对湿度越大。

（2）环境温度。冬枣是鲜食品种，减少果实水分散失是贮藏保鲜的主要措施，而水分散失的速度与贮藏环境的温度密切相关，环境的湿度越大，果实水分散失的速度越慢，因此冷库贮藏冬枣，冷库的相对湿度一般控制在95％以上。此外，研究无毒安全的冬枣涂被技术，孔是减少水分散失的技术之一，应予重视。笔者曾用甲壳胺保鲜涂被剂，对延长保鲜时间和提高好果率均有效，但涂被后枣果必须晾干后才能入库贮藏，在生产推广中受到影响，有待试验改进其使用方法。

（3）气体成分。呼吸离不开氧气，空气中氧气适当减少和其他气体（主要是氮气）的增多，可以降低呼吸强度，二氧化碳气虽然也能降低呼吸强度，但过多的二氧化碳气会对果实造成伤害，据研究，当贮藏环境中氧气降到8％，二氧化碳气升到5％，可起到抑制果实的呼吸作用。但是，当氧气降到8％以下，缺氧呼吸将会出现，不利于果实贮藏；二氧化碳气上升到5％以上时会对果实产生伤害。现代的果品气调贮藏保鲜就是根据这一原理实现的。

（4）微生物作用。有害微生物的存在对果品的贮藏保鲜极为不利，可加速果实腐烂变质，防止有害微生物侵入果实，是贮藏保鲜的重要环节。为此，在果实生长期做好病虫害防治，保证采果质量，一般在果品入库前进行灭菌处理，并对库内彻底灭菌非常重要。

2. 机械冷库贮藏冬枣

机械冷库是通过机械制冷，调节库温。温度稳定，投资较少，贮藏保鲜效果好，目前投资4万～5万元就可建设一个贮量10～20t的微型机械制冷库，适合我国国情。近几年各地建设较多，对调节冬枣上市量，延长冬枣市场销售期发挥了很好作用。各地在冬枣贮藏保鲜的实践中都积累了不少经验，应不断总结，为完善冬枣贮藏保鲜技术做出努力。现将冬枣贮藏保鲜的有关技术要求综合如下，供读者在贮藏冬枣保鲜工作中参考。

1）冬枣贮前冷库要消毒降温。

为杜绝冬枣入库后的病菌侵染机会，在入库前一定要将冷库内进行全面消毒灭菌，方法有：①二氧化硫熏蒸，每50m³空间用硫黄15kg加入适量锯末点燃熏烟灭菌，密闭48h后通风；②用福尔马林（40％甲醛）1份加水40份喷洒库顶、地面、墙面，密闭24h后通风；③用漂白粉消毒，取40g漂白粉加水1kg配成溶液，喷洒库顶、地面、墙面。消毒完毕开机降温，使库内温度降至0～1℃，准备果实入库。

2）适时采收，做好贮前处理。

贮藏冬枣最好是固定果园，从萌芽期开始，按技术规程管理，做好病虫害防治，为贮藏提供高质量的果实。在采果前1～2天可用10～20mg/kg九二零或萘乙酸，加入40％新星乳油8000～10000倍液或80％大生M－45、600～800倍液，可以延长果实衰老和防病。也可用0.2％的氯化钙溶液喷果，提高果实的抗病力。贮藏冬枣应在初红期到半红期采摘，以保证贮后冬枣原有风味。采后冬枣应做到剪短果柄、挑选、分级等工作，采前未经处理冬枣，采用0.2％的氯化钙溶液和试用果品保鲜剂浸果，也可试用蜡膜、虫胶等涂被剂涂被，减少果实在贮藏中的水分散失。处理后枣果晾干后将初红果和半红果分开包装、分别贮藏，以获得最佳贮藏效果。2003年冬枣贮藏造成烂果的主要原因是收购的冬枣没有按照技术规程管理和采摘，80%的冬枣都有机械伤（主要是果柄拉伤）及防病处理不当造成大量烂果。

3）包装入库。

冬枣处理晾干后用厚度为0.04～0.07mm的聚乙烯塑料打孔袋装袋（一般每盛1kg冬枣打直径2～3mm的孔1～2个），袋内可放入适量的乙烯吸收剂和保鲜剂，有利于冬枣的贮藏。袋口向上不扎口，放入容量10～15kg的周转箱中预冷后入库，要单层摆放在贮藏架子上，不能堆摞。冬枣一次入库不要超过库容量的1/10，待库温降至0℃时可将第一批果袋口扎紧，果箱码放成垛，再入第二、第三批枣果，直至全部入库，方法同上。果箱码放成垛时，垛与墙、垛与垛之间要有空间，利于空气流通、散热并留出人行道，便于入库检查贮藏情况。

4）库内温度调控。

冬枣入库后，库温可逐步降至0～1℃，适应一段时间后再降至适宜温度，根据冬枣含可溶性固形物的多少决定冬枣冰点，库内贮藏温度应在冬枣冰点以上，适当的低温可延长贮藏时间。一般库内温度稳定在-4～-2℃为宜。

提个醒

冷库贮藏冬枣时，要想到停电、压缩机故障、忘记关库门、库门关不严等意外因素的影响，要有相应预案，并建立相应的出入库制度。

5）库内湿度的调控。

湿度直接影响冬枣的贮藏保鲜，库内湿度应保持在95%以上。为此，在贮藏期间每天要定时观察库内湿度，湿度不够时可通过地面洒水、空中喷雾（水）等措施提高库内的湿度。

6）库内气体的调控。

冬枣对二氧化碳比较敏感，一般要求库内空气中二氧化碳维持在4%左右，氧气含量维持在8%左右，否则对果实引起伤害。通气不良的贮藏库，会因果实的呼吸作用使库内气体发生变化，氧气减少，二氧化碳增加。因此，要定期抽样测定库内氧气和二氧化碳的含量，如氧气不足或二氧化碳过多，通过通风换气达到适宜的气体比例。

7）及时出库。

冬枣在贮藏过程中要随时检查冬枣变化，当冬枣转为全红后要及时出库销售，如继续贮藏将影响冬枣品质，造成不必要的损失。

3．塑料大帐贮藏冬枣

气调库贮藏冬枣要优于普通机械制冷库，但气调库造价高，一个单位库室贮藏的冬枣必须一次出库，这是一般农户难以做到的。塑料大帐利用了气调原理，结合普通机械制冷库贮藏保鲜冬枣基本可以达到气调库的效果，而且不用增加太多的投资即能实现，且具备出库灵活的优点，有条件的读者可以试用。

塑料大帐气调贮藏是通过在机械冷库内架设塑料大帐，将库内贮果垛罩入帐内，与外界空气隔绝，通过调节帐内气体组成比例来实现气调贮藏。塑料大帐结构包括帐底、支撑大帐的支架和塑料帐。大帐分别设充气口、抽气口和取气口。抽气口设在大帐的上侧，充气口设在大帐的下侧，取气口设在大帐的中、下侧，以便进行调气和检验帐内气体万分。大帐用 0.1～0.25mm 厚的塑料蜡压制而成。每一大帐贮果 1000～2500kg，每立方米容积可贮果 500kg 左右。抽气口、充气口、取气口可以做成方形或圆开长袖形，袖长 40～50cm，能开能封，便于换气和测气。注意长袖及与大帐连接处要密封不能漏气。塑料大帐最好是长方体形，帐内果垛与帐面要留有一定的空间，便于空气流通。

大帐做好贮果后，形成密闭系统，需对帐内气体进行调整，有三种方法：一是充氮法，先用抽气机将帐内空气部分抽出，而后充入氮气，反复数次，使帐内氧气达到适宜的浓度；二是配气法，先将帐内空气全部抽出，然后将事先按氧气、二氧化碳和氮气的适宜比例配制的混合气体充入帐内；三是自然降氧法，封闭后的大帐，依靠果品自身的呼吸作用，使帐内空气的氧气含量降低，二氧化碳量上升，并通过开启上下换气袖口进行换气，使帐内氧气与二氧化碳达到适宜比例。大帐气调贮藏需配氧气、二氧化碳检测仪，经常检测帐内的气体变化，适时调整帐内气体的合理比例。冬枣气调是近几年的事情，还没有一套成熟经验可供借鉴，需在实践中逐渐积累经验。目前多数冬枣贮藏工作者认为，帐内氧气含量应不低于 4%，二氧化碳气不高于 3%，余者充氮气比较适宜。

硅窗气调贮藏法：硅窗气调贮藏是利用硅橡胶薄蜡，对氧气有一定的通气比例，氮气、氧气和二氧化碳的通气比例为 1：2：12，为果品贮藏提供了一个比较适宜的混合气体环境。20 世纪 80 年代曾在金丝小枣的鲜果贮藏上试用，效果不错，由于当时人们不崇尚鲜食枣，所以鲜枣贮藏没有推开，冬枣贮藏刚刚开始，可借鉴苹果使用硅窗贮藏的经验进行冬枣贮藏，探索冬枣贮藏的成功经验。

附：硅窗使用硅橡胶面积计算公式。

$$\frac{S}{M} = \frac{R_{CO_2}}{0.04 P_{CO_2}}$$

式中：S——硅窗面积（cm^2）；

M——贮藏果品质量（kg）；

R_{CO_2}——贮藏果实呼出的二氧化碳强度（L/kg）；

P_{CO_2}——硅橡胶膜渗透二氧化碳量（$L/m^2 \cdot d \cdot Pa$）。

塑料大帐气调和硅窗气调贮藏保鲜冬枣的入库处理、包装与机械冷库贮藏一样，可参阅前面有关内容。

二、枣烘干与加工技术

（一）烘干房烘干金丝小枣技术

沧州市是全国著名的金丝小枣之乡，金丝小枣采收期常遇恶劣天气，采收后在自然晾晒过程中，枣果大量霉烂，严重影响经济效益及枣农的生产积极性。为此，笔者经过多次试验，成功探索出了"炉一囱回火升温式"红枣烘干房技术，可以明显提高金丝小枣的干制速度和质量，增加经济效益。

1. 烘干房建造

烘干房应建在通风、卫生处。烘干房的长向与当地采收季节的主风向垂直，以利于冷空气由进气窗进入烘房通风排湿，加快枣果烘干。烘干房内径长 6m、宽 3.4m、高 2.5m，砖混结构，用预制板盖顶，顶部设 2 个 50cm 见方的排湿通气孔，地面为火炕内部主火道高 30cm，底部铺 10cm 厚粗砂。烘干房外墙厚 37cm，在两侧墙上距火炕表面 10cm 处，各均匀设置 5 个进气窗，大小为 24cm 见方；前墙留 0.9m×1.9m 的门，后墙建一个烟囱和两个炉膛，烟囱的有效高度为 5.2m，炉膛呈纺锤形，长 1m，最高处为 50cm，与主火道相连炉膛门宽、高分别为 28cm 和 30cm，留在靠下位置。灰坑与炉膛由炉条隔开，灰坑底部和地面持平，出灰口为 30cm×50cm。在距地面 170cm、188cm 和 206cm 高度开设三条平行墙火道，宽、高分别为 19cm 和 12cm，分别汇集于前后墙，与主火道和烟囱相连，使烟火从炉膛经过主火道，再经过墙火道回转至烟囱排出。墙火道之间相互连通，在墙火道的各个拐角处和烟囱的底部留 12cm 见方的出灰口。烘干房内中间是 1m 宽的通道，两侧放 8 层的烘架，最下层距火炕表面 25cm 以上。鲜枣装在烘架上的烘盘内，烘盘一般长 95cm、宽 60cm、高 4～5cm。烘干房通过冷热空气的对流，排出原料蒸发的大量水分，降低空气相对湿度，达到烘干的目的，图 1-73 所示。

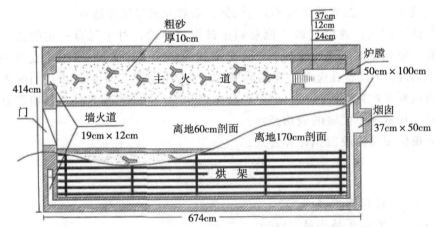

图 1-73　"两炉一囱回火升温式"红枣烘干房平面示意

2. 红枣烘干技术

1）前期处理。

（1）采收。为了保证烘干出高质量的金丝小枣产品，须根据烘干房的生产能力，分期采收，及时烘干，以免采收过多烘干不及时造成腐烂。

（2）分级。枣果采收后，根据大小、成熟度进行分级，把浆烂果、伤果、枝、落叶等杂质清除掉。

（3）清洗。把分级后的枣果放入清水池清洗，使枣表面洁净，水池里经常换新水，以保证烘烤后的枣果品质。

（4）装盘。把清洗后的枣果装入烘盘内，以两个枣的厚度为宜，然后放入烘干房中的烘架上。

2) 预热

把枣装入烘干房后，关严门、通气口（天窗和地洞），然后点火升温，燃料用一般烟煤即可。要求在4～6h内温度升高到45～48℃，不要把温度升得太快，否则金丝小枣会出现糖化或炭化现象，严重的会出现枣果开裂，影响品质。在升温过程中经常抖动烘盘，以利于枣受热均匀，每0.5h观察1次温度表和湿度表。

3) 蒸发

此阶段用时8～10h。当枣预热阶段结束的时候（人在烤房中感觉身体皮肤湿潮，憋闷，房内有潮气），开始通风排湿，当天气无风或风弱时，天窗、地洞同时打开，风强时交替打开，每次通风时间为15～20min风排湿7～8次，湿度就可达到需要的程度。此过程中要把第一层和第五层、第二层和第四层的烘盘倒换位置，其他烘盘不动，以利于枣受热均匀，避免下层枣由于温度过高影响烘烤质量。

4) 干燥

蒸发阶段后，枣果内部可被蒸发的水分逐渐减少，蒸发速度逐渐缓慢，进入干燥阶段时火力不宜大，烘干房内温度不低于50℃即可，干燥6h左右。相对湿度若高于60％以上时，仍应进行通风排湿，因这一阶段继续蒸发出来的水分较少，通风排湿的次数应减少，时间也较短。当枣果含水量达到20％～30％时枣果就可出烘干房。出烘干房后的枣要放在遮阴处或房屋内，不要被太阳直晒，否则枣表面发黑，影响枣果品质。堆放厚度不要超过1m，每平方米要竖插一个草把通气，存放10～15天后果肉内外硬度一致，稍有弹性时就可装箱上市。

3. 红枣烘干的效益分析

红枣烘干房的建设，是解决红枣干制过程中霉烂的有效措施，经过烘干处理后的金丝小枣由于成色好、品质高，比自然晾晒干枣每千克售价高1.5～2元。每座烘干房建设成本为1.3万～1.5万元，每昼夜可烘干红枣1250kg，烧煤100kg，比自然晾晒干枣每1250kg增收1875～2500元。

（二）红枣加工技术

红枣加工技术是一项投资少、见效快、简单易行的技术，在大部分枣产区有着较大的发展潜力，其社会效益、经济效益十分显著，可避免丰产不丰收现象的发生。据统计，在枣果由白转红的过程中，由于各种自然性灾害天气的影响，常常出现丰产不丰收的现象，仅收枣季节阴雨连绵就造成烂枣率达20％～40％。如山西省石楼县正常年份的烂枣率都在20％左右，按年产红枣1.5万吨计算，若进行蜜枣加工，可挽回损失3000吨，折款240万元，连同加工增值，其效益十分可观。变资源优势为商品优势。近几年的实践证明，每加工1吨红枣平均获利达700～900元，这对偏远山区的枣农脱贫致富有着巨大的推动作用。同时，收入增加提高了枣农建设枣园、管理枣园的积极性，实现了以短养长、以林养林的目的。解决部分人员就业问题。随着经济结构和产业结构的调整，广大农村会出现大量的剩余劳动力。由于红枣加工业的发展，充分利用了这部分劳动力，在一定程度上为社会的繁荣与稳定起到了积极的推动作用。

1. 蜜枣加工工艺

1）工艺流程

选料→清洗→切缝→糖煮→烘烤→包装→成品。

2）操作要点

（1）选料。选用果形大而均匀、皮薄核小、肉厚疏松、颜色由青转白的枣果为原料，将乳白色、发红、虫蛀、有机械损伤的枣果剔除。

（2）清洗、划丝。用软水将枣果洗净，用划丝机或手工划丝，划丝深约 3mm，不宜太深。过深容易造成破枣，过浅则糖分不易渗透，容易失水而造成僵枣。枣果两头适当留头，每个枣果划丝 30 道左右。

（3）糖煮。糖煮方法包括一次煮成法和分次加糖一次煮成法 2 种，一般多采用分次加糖一次煮成法。可用质量分数为 55％～60％的浓糖液 60～80kg，加入糖液、总量 0.5％的柠檬酸，将 50～60kg 鲜枣投入其中，加热煮沸至果肉煮软时，倒入质量分数为 50％的糖液 5kg，此时锅中糖液停止沸腾，3～4min 后糖液又开始沸腾时加糖。分别加糖的方法第 1～3 次每次加糖 5kg，浇入浓糖液 1～2kg；第 4～6 次每次加糖 6～7kg，不加糖液；第 6 次加糖后，煮沸约 20min，此时糖液的质量分数已达 70％以上，红枣饱满透明，连同糖液移到缸中浸渍 1～2 天后烘烤。

（4）烘烤。将糖煮后的枣果捞出沥尽糖液，摊放在烘盘上，以 60～80℃的温度进行烘烤。开始时用微温（温度过高会出现返糖现象），然后逐渐提高温度，3～4h 后翻动 1 次。最高温度不得超过 80℃，待枣果表面干燥后可将温度降低。20～24h 后表面不粘手时停止烘烤，稍晒后即可整形，紧接着进行分级并继续烘干，温度仍控制在 60～80℃，开始微温，2～3h 后略微升高温度，然后每隔 1h 翻枣 1 次，发现红枣表面干燥，随即改用低温。总之，烘烤时的温度应掌握中间高、两头低的原则。

图 1-74 蜜枣

简易识别蜜枣干燥状况的方法：用手掰开蜜枣，若核、肉易分离，则说明蜜枣比较干燥；若枣肉粘核，则说明蜜枣不干燥，须继续烘烤。

3）产品质量

枣切缝均匀，吃糖饱满，滋味纯正，符合食品卫生标准。产品表面呈金丝状，色泽为棕褐色，含糖量为 70％左右，含水量为 15％～18％，如图 1-74 所示。

2. 糖枣加工工艺

1）工艺流程。

选料→去核→清洗→煮制→糖渍→洗糖→干制→包装→成品。

2）操作要点。

（1）选料。选出形状完整、成熟充分、色泽鲜艳、无虫蛀、无破头、无霉变的枣果做原料。

（2）去核。用去核器捅枣核，核口直径应小于 0.7cm，口径完整无伤，捅孔口上下端正。

（3）清洗。将去核后的枣果，倒入 65～70℃ 干净的温水中，轻压轻翻，浸泡 5min 左右，待枣肉发胀、枣皮稍展、吃透水分时，即可捞出沥干水分。

（4）煮制与糖渍。将 25kg 水烧开后，加入 17.5kg 的白糖，再烧开后倒入 20kg 枣。煮沸 40min 后加入 12.5kg 的白糖及 40g 的柠檬酸，开锅后再煮 20min 左右，至枣皮舒展呈紫红色为止。煮好后连同糖液一起倒入缸内，浸泡 40～48h，待枣肉渗饱糖，液呈黑紫色为止。

（5）洗糖。将煮浸好的糖枣，用漏勺捞入铁筛中，沥去表面糖液，放入 100℃ 的沸水中，轻轻转动铁筛，洗净枣果表面糖液后倒入烤盘中。

（6）干制。将烤盘送入烤房干制，采用气烤的办法，1 次需数小时左右，开始时气压为 200kPa；2h 后慢慢把气压升到 400kPa 左右，烘烤约 10h，即制成糖枣成品。

3）质量要求 糖枣残核率不超过 1%，色泽鲜艳，紫红透明，香甜可口，无异味，无焦糊味，含糖量为 70% 以上，含水量为 15%～18%。

3. 乌枣加工工艺

1）工艺流程。

选料→水洗→煮枣→熏制→包装→成品。

2）操作要点。

（1）选料、水洗。选择成熟、表皮紫红的鲜枣为原料，将破皮、虫蛀、未熟透的枣果挑出，用清水冲洗干净，沥干水分。

（2）煮枣。用夹层锅将清水煮沸，放入洗净的大枣，用沸水烧煮，不断搅拌。煮好后将枣果迅速捞出放入冷水中，使其温度急剧下降，枣果开始收缩，产生细密纹理。若没有纹理，则说明煮制不足。此时，应立即拣出重煮，待达到标准后将枣果捞出，沥去表面水分。

（3）熏制。这是决定乌枣色泽与风味的关键工序。将煮好的枣摊放在熏窖上，上面用苇席覆盖。为了使枣内水分逐步蒸发，必须掌握适宜的火候。开始火力可大些，约熏 3h 后枣果发大汗时，火候应逐步减小。在该用大火时，若火力不足，则会导致枣色不均匀；在该用小火时，若火力过大，则枣果容易被烧焦，失去乌枣特有的风味。熏制过程中，火焰高度应不超过 0.65m。若火力太旺，可用水泼湿木柴，这样既可降低火力，又可多发烟雾。在整个熏制过程中，温度应控制在 60～70℃，每次点火熏制 6h 后停火，用余热维持 6h，共 12h，这样有利于枣内水分持续地蒸发。一般大枣要多熏几遍，小枣可以少熏几遍，但以后每次熏制时间应依次减少，最后成品率可达 30%～45%。熏枣用的燃料以杨木为主，柳木次之，其他木材也可，但制出的乌枣的色泽、气味要差一些。含树脂多的木材，如松木则不宜使用。

图 1-75 乌枣

3）质量要求。

产品大小均匀，呈紫黑色，纹理细致，肉质紧密，滋味纯正，无异味，无杂质，如图 1-75 所示。

4. 焦枣生产工艺

焦枣又称脆枣，焦香酥脆，风味独特，如图 1-76 所示。

图 1-76 焦枣

1）工艺流程。

选料→泡洗→去核→烘烤→上糖衣→冷却→包装。

2）主要技术要点。

（1）选料。选择果大、致密、无病虫的上等红枣为原料。

（2）泡洗。将红枣倒入温水缸中洗净，并让其吸胀。

（3）去核。用去核器去核。

（4）烘烤。将去核的枣倒入特制的烘枣笼内（长 80cm、半径 25cm 圆柱形网笼）。笼中央有 1 个铁轴，支撑枣笼旋转，枣的体积约占总容积的 2/3，每分钟 40 转左右，一般 30～40min 可烘一笼。

（5）上糖衣。在刚烘烤结束的枣面上，按 20：1 的比例，喷上刚熬好的糖浆（3 份白糖，加 1 份水，熬至 120℃），边喷边拌，一定要喷匀，使枣面上形成一层白糖霜。

（6）冷却和包装。将焦枣摊晾在干燥的地方，待冷却后再用双层聚乙烯塑料袋包装。

相关链接

卢波之：让脆冬枣"香"飘大江南北

他仅有初中文凭，却独自钻研出了脆冬枣的加工技术；他仅仅是一名下岗工人，却建立了全县知名的冬枣深加工企业。他，就是滨州金益园食品有限公司总经理卢波之。

1997 年从县城某企业下岗后，卢波之先是在石家庄做了几年海蜇生意，后来因为不景气，只好返回家乡，又做起了冬枣销售生意。一个偶然的机会，他到广州考察水果市场，发现当地的干果市场很火爆，就联想到把冬枣也制成干果，肯定能收到预想不到的效益。回来后，他开始自己摸索钻研，并翻阅了大量水果资料，从网上寻找相关信息，遇到技术难题就跑到县、镇技术部门咨询专家。虽只有初中文化，可是卢波之愣是凭着一股不服输的韧劲去啃那些方程公式密布、专业词汇云集的书籍杂志，逐渐地掌握了脆冬枣的生产知识。之后，他在一个朋友的推荐下，又到河北沧州农科院实地参观了生产加工干果的设备，向他们学会了制作工艺。

2006 年 8 月，卢波之用经营冬枣赚来的 50 多万元资金购置了一套干果生产设备，正式生产脆冬枣。本着"以质量求生存，以品牌拓市场"的生产原则，卢波之的脆冬枣一上市就受到了客户青睐，并被抢购一空。由于公司规模较小，产品数量远不能满足客户需求，卢波之自 2007 年起就连续扩大企业规模。现在，他的公司生产线已扩充到 4 套，检测、加工、脱水等各种国内最先进的干果加工设备一应俱全，场地由原先的几间简陋厂房扩充到占地 50 多亩的大型企业，工人也由原先的十几名到现在的近百名。

短短几年，卢波之的公司从一个默默无闻的村内小厂，迅速成长为年深加工能力达

300 吨的沾化县三大冬枣深加工龙头企业之一、全市知名水果加工企业。2008 年，公司生产的"农益园""盛谷园"牌脆冬枣，被评为全国无公害农产品、绿色食品 A 级产品，远销至北京、上海、南京、广州、青岛等全国二十几个大中城市。2009 年，公司被评为"山东省绿色食品示范企业"。

　　卢波之的志向是让脆冬枣香飘大江南北，实际上他每年都有一大批订单来自江南江北的大中城市。尽管如此，他仍不满足，他要让脆冬枣像鲜冬枣那样市场遍布全国。

思考与训练

　　1. 怎样确定冬枣采摘期？

　　2. 影响冬枣贮藏保鲜的主要因素有哪些？

　　3. 冷藏冬枣的库内温度如何调控？

　　4. 使用塑料大帐气调贮藏时，应对帐内气体怎样调控？

　　5. 红枣烘干房怎样建造？

　　6. 用红枣烘干房烘干小枣应掌握哪些技术环节？

　　7. 试述红枣加工有什么意义。

　　8. 蜜枣、糖枣、乌枣、焦枣的加工各有哪些操作要点？

第二章 梨 树

单元提示

梨是河北的主要果树，无论是梨树的栽培面积还是梨果产量均居全国之首。目前栽培的主要品种有鸭梨、黄冠梨、酥梨、黄金梨等。与苹果相比，梨树的干性较强，树姿直立，枝条硬脆，萌芽率高而成枝力低，枝条停止生长早，叶幕形成快，成花容易，坐果率高。梨果生产的成败，决定于品种选择是否正确，建园和栽培管理是否合理，病虫害防治是否及时到位。

本单元主要学习梨的优良品种、建园与育苗、肥水管理、整形修剪和病虫害等方面的内容。

第一节 梨的主栽品种

任务描述

梨果营养价值高，果实一般脆嫩，汁多，味甜，具有香味，除生食外可制梨酒、梨膏、梨汁、梨脯及罐头等。耐贮运，供应时间长，是人们喜爱的一种果品，在国外也深受欢迎。

通过本次任务的学习，掌握梨主栽品种的果实特性与栽培特性。

一、鸭梨

1) 果实特点

果形为短葫芦形，单果重 200g 左右，最大单果重达 400g，成熟后呈绿黄色，皮薄有蜡质，果肉质细嫩脆，汁多味甜，有香味（图 2-1）。

2) 栽培性状

鸭梨的树势中等，树姿开张，枝条稀疏，成枝力弱，容易形成短果枝，短果枝连续结果能力强。3~4 年开始结果，5 年生树即可丰产，该品种高产而稳产，寿命长达百年左右。9 月中旬成熟，耐贮藏，一般土窖可贮藏到翌年 2~3 月。该品种的适应性较强，抗旱、耐涝，喜肥沃土壤。

图 2-1 鸭梨

二、"三水"梨

"三水"梨指的是幸水、新水和丰水，由日本农林省果树试验场杂交育成，是近年来日本发展较快的优良品种。

果实特点如下：肉质细嫩，爽口，味甜，果汁较多，品质极佳。虽然外观不甚理想，现已采取套袋生产，改变果色后深受市场欢迎。"三水"梨是梨果中的上品。幸水和新水果实呈扁圆形，平均单果重130g和165g，呈淡黄褐色，其中新水皮色略淡（图2-2）。丰水果呈近圆形、褐色，易与新水和幸水区别，单果重140g左右（图2-3）。"三水"梨的开花期比鸭梨晚2～4天。因此受晚霜的威胁较小，幸水和丰水丰产，新水产量较低，"三水"是适宜密植栽培的优良品种。

图 2-2 幸水

图 2-3 丰水

三、黄金梨

1）果实特点

果实呈近圆形或稍扁，平均单果重250g，大果重500g（图2-4）。不套袋果果皮呈黄绿色，贮藏后变为金黄色。套袋果果皮呈淡黄色，果面洁净，果点小而稀。果肉呈白色，肉质脆嫩，多汁，石细胞少，果心极小，可食率达95％以上，不套袋果可溶性固形物含量为14％～16％，套袋果的为12％～15％，风味甜。果实9月中下旬成熟，果实发育期为129天左右。较耐贮藏。

2）栽培性状

幼树生长势强，结果后树势中庸，树冠开张，萌芽率低，成枝力弱。以短果枝结果为主，成花容易，花量大，腋花芽结果能力强，改接后第二年结果。极易成花，早实性强，定植后两年结果，花粉量极少，需配置授粉树。适应性强。

图 2-4 黄金梨

四、早酥

中国农科院果树研究所育成。果实属于大型果，平均单果重250g左右。果实呈倒卵圆形或长圆形，顶部突出，常具明显棱沟。果皮呈黄

图 2-5 早酥

绿色或绿黄色，果面平滑，有光泽，果皮薄而脆，果点小，不明显；梗洼浅而狭，有棱沟；萼片宿存，中大；萼洼中等深广，有肋状突起。果肉呈白色，质细酥脆而爽口，石细胞少，汁多，味淡甜，品质上等。果实成熟期为 8 月上旬，不耐贮藏，为早熟优良品种（图 2-5）。

五、新世纪

新世纪梨是从日本水晶梨中选育出来的新品种（图 2-6），果实呈近圆形、乳白色，皮薄，核小，肉质细胞，多汁爽口，无明显的石细胞，成熟期 9 月上旬，含糖量 13％～14％，果的质量好于水晶梨，该品种自花结果率高，栽后第二年见果，第三年丰产，五年生树进入盛果期，亩产达 3000kg 左右，是适宜密植栽培的优良品种。

六、黄冠

1）果实性状

石家庄果树研究所用雪花梨×新世纪杂交育成，1997 年审定，果个大，平均单果重 235g，最大单果重 360g，果实椭圆形，果心小，可食率高。含可溶性固形物为 11.4％，肉质细嫩，松脆，细胞少，风味酸甜适口，并且有浓郁的香味，果皮呈黄色，果面光滑，果点小，中密，果肉呈白色（图 2-7）。

2）栽培性状

在沧州地区 3 月中旬花芽萌动，4 月中旬为盛花期，果实于 8 月中旬成熟，10 月下旬至 11 月上旬落叶，整个营养生长期为 220～230 天，树势强，树姿直立，萌芽率高，成枝力中等，以短果枝结果为主，各类果枝比例为短果枝 68.9％，中果枝 10.8％，长果枝 16.8％，腋花芽 3.5％，高抗黑星病。

图 2-6 新世纪

图 2-7 黄冠

相关链接

梨的主要种类

梨属于蔷薇科,梨属。通常作为果树栽培的有秋子梨、白梨、砂梨、西洋梨四个种,其他如杜梨、褐梨、豆梨等主要用作砧木。除西洋梨是由欧洲引入我国栽培外,其余几种均为我国原产。

1. 秋子梨

主要分布在东北、华北及西北各省。成枝力高,生长旺盛,二年生枝多呈黄灰色或黄褐色,叶片边缘有带芒刺的尖锐锯齿。花轴短,花柱基部多具柔毛。果实呈近球形、黄色或绿色,萼片宿存,果柄较短。果实石细胞多,多数品种需经后熟方可食用。

秋子梨是梨属中最抗寒的品种,多数栽培品种可耐-35~-30℃的低温,野生种能耐-52℃的低温。因此,适于在寒冷地区栽培,也可作梨的抗寒砧木及杂交育种时的抗寒亲本。此外,秋子梨也具有较强的耐旱、耐瘠能力,对腐烂病、黑星病的抵抗力也较强。

本种内多数品种的品质较白梨、砂梨和西洋梨差,优良品种有南果梨、京白梨、兰州软儿梨等。

2. 白梨

主要分布在华北各省,其次为西北地区和辽宁省,淮河流域也有少量栽培,是我国分布最广、数量最多的栽培种。

树冠较开张,二年生枝多呈紫褐色或茶褐色;嫩枝较粗,被白色茸毛。幼叶多紫红绿色;叶缘有尖锐锯齿,齿芒微向内合。果实呈倒卵圆形或长圆形,果皮呈黄色,有的阳面具红晕;果柄长,萼片脱落或半脱落,果肉细脆,不需后熟即可食用,果实较耐贮藏。

白梨性喜干燥冷凉气候,抗寒力较秋子梨弱,但比砂梨、西洋梨强。

优良品种有:河北鸭梨、雪花梨,山东莱阳梨、黄县长把梨、栖霞大香水梨,辽宁绥中秋白梨、兰州冬果梨等。

3. 砂梨

主要分布在长江流域及南方地区,华北、东北及西北也有少量栽培。

砂梨枝条直立,成枝力低,二年生枝条呈紫褐色或暗褐色。叶缘具刺芒状锐锯齿,微向内合拢。花柱光滑无毛。果实多呈圆形,少数为长圆形或卵圆形;果皮呈褐色或黄绿色;萼片大部分脱落,果柄长。肉脆味甜,多汁少香气,石细胞较白梨略多,但不需要后熟即可食用。多数品种不如白梨耐贮藏。

砂梨性喜温暖湿润气候,抗寒力较秋子梨和白梨差。

优良品种有:安徽砀山酥梨,四川苍溪梨,云南呈贡的宝珠梨等。此外,日本梨品种多为砂梨,我国浙江、江苏、江西、湖北、福建等省栽培较多,主要品种有二宫白、廿世纪、长十郎、晚三吉等。

4. 西洋梨

西洋梨在我国栽培地区较小,比较集中的产区有山东烟台地区和辽宁旅大地区,河北省有零星分布。

树冠多呈广圆锥形。小枝光滑无毛，有明显皮孔；枝条呈灰黄色或紫褐色。叶片较小，呈卵圆、椭圆或圆形；叶缘为圆钝锯齿或全缘。栽培品种果实多呈瓢形、黄色或黄绿色；果梗短粗；萼片宿存多向内卷。果实需经后熟方可食用；后熟后肉质细软，易溶于口，有香气，但多数不耐贮运。

西洋梨抗寒力弱，在北京和辽宁兴城等地常有冻害发生。易染胴枯病和腐烂病，树的寿命较短。

引入我国栽培的优良品种有巴梨、三季梨、日面红等。

5. 杜梨

主要分布于黄河流域，多作为梨的砧木利用。

树势旺盛，树冠开张；枝条有刺，嫩枝嫩叶有白色茸毛；叶缘有锯齿。果实呈近球形、褐色，直径为 0.5～1.0cm。

杜梨根系深，耐寒、耐旱、耐涝，并有很强的抗盐碱能力，是我国北方梨的主要砧木。

思考与训练

1. 到市场上了解一下当地市场上梨有哪些品种，并买一些不同品种果实进行品尝。
2. 识别当地主要梨品种。
3. 调查梨的哪些品种受消费者欢迎，经济效益高。

第二节　梨的育苗与建园

任务描述

苗木是果树生产的物质基础。苗木质量的好坏，直接影响结果和产量的高低，并且对适应性、病虫害抵抗力和寿命长短等也有一定影响；建园时园址、品种的选择和授粉树的配置是否正确、合理，决定着梨的产量、质量和经济效益的高低。

通过本次任务的学习，掌握梨的育苗和建园技术。

一、育苗

梨树多用嫁接法繁殖。目前，河北省梨树应用的砧木种类主要有杜梨和秋子梨。用杜梨作砧木嫁接的梨树生长旺盛，结果早，抗旱、抗涝，耐盐碱，适于河北省平原地区应用。秋子梨根系发达，特别耐寒、耐旱，适于山地生长。下面以杜梨为例，叙述梨的育苗技术。

（一）砧木苗的繁殖

1. 采种

当秋季杜梨（图 2-8）成熟时（9 月下旬～10 月上旬），将果实采下，堆积数日后（堆高不超过 40cm），将果肉搓碎，取出种子，洗净晾干，然后收藏备用（图 2-9）。

2. 种子的沙藏处理

砧木种子必须在适当湿度条件下经过一定的低温阶段（5℃左右的低温），第二年春才容易发芽。春季用的种子，必须在冬季进行沙藏处理，处理方法是在 11～12 月，把种子与 5～6 倍的清洁湿润的细沙混合均匀，盛在木箱或其他易渗水的容器中。选地势高燥，地下水位低，背风背阴处挖坑（最好南房背阴处）并把木箱埋入，使木箱的上口深入地面约 20cm，再用沙把坑填满，并使沙比地面略高，以防雨水或雪水流入坑中引起种子腐烂。第二年 2 月中下旬以后，要每 10 天左右检查和上下搅拌种子一次，使其发芽整齐。搅拌时，要注意沙的湿度，如沙子干燥时需洒水，以保持湿润。3 月上旬以后要随时检查种子的发芽情况，当有 40％种子的尖端发白时，即可播种。

图 2-8 杜梨

图 2-9 杜梨种子

3. 整地播种

苗圃地最好选有浇水条件的沙壤土。沙壤土管理方便，苗木根系发达，地上部进入休眠期早，发育充实。除用专门的地片作苗圃地外，也可利用幼龄果树的行间培育苗木。苗圃地需要注意轮作。已育过苗的地片至少需间隔 3～5 年的时间，才能再育苗，否则会使苗木发育不良，嫁接成活率降低。苗圃地要进行冬耕，深度为 30～40cm。结合冬耕每亩施圈肥 2500～5000kg，然后整平。在上冻后冬灌，最好在 12 月中旬，春季解冻后整地播种。播种时间为 3 月中旬至 3 月下旬。作畦宽 1.0m，畦面要平整，土壤墒情好即可播种。如土壤过干，应在播种前充分浇水，播种时，先在畦中开沟，沟距为 40cm，深 2～3cm，将层积好的种子播下。每亩用种量为 0.75～1.0kg，在较干旱的情况下可加厚覆土 4cm，待种苗将近出土前，放风减少覆土厚度 2～3cm，以利于出苗。

4. 出苗后管理

幼苗长出四或五片真叶时，间苗一次，每亩留苗 8000～10000 棵，5 月下旬及 6 月上旬各追肥一次，每亩每次可施硫酸铵 5～7.5kg，施后浇水。夏季及时除草，防病、灭虫，保证砧木苗健壮生长。

（二）接穗及工具的准备

接穗应从品种优良，生长健壮，无病虫害的成龄树上选取。芽接时间一般在 7 月中旬～8 月中旬，芽接用的接穗选发育充实、芽饱满的新梢。接穗采下后，留 1cm 左右的叶柄，将叶剪除以减少水分蒸发。如需要从远地采运接穗时，接穗剪除叶片后每 20～50 根一捆，两端及四周填入湿润的木屑，外面再用麻袋片或薄膜包好，封好后即可外运。在运途中要通风防止温度过高，造成叶柄脱落接穗发芽影响成活率。准备的芽接接穗，插在清水中，防止干缩，随用随取。

枝接用的接穗可在冬季修剪时，选取发育充实、芽饱满的一年生发育枝，分别不同品种，放置窖内培以湿沙埋藏，以备春季枝接，用蜡封枝条也可。嫁接用的芽接刀或切接刀、劈接刀和剪子等要备齐、磨快，塑料薄膜绑缚物要备足，应把塑料薄膜剪成宽 1.5～2cm 的长条备用。

（三）嫁接方法和接后管理

嫁接方法有芽接和枝接。下面介绍一下芽接。

1. 芽接时期

在接穗的新梢生长停止后，芽已充分肥大，而砧木苗和接穗的皮层能剥离时进行，芽接的适期为 7 月中下旬至 8 月中旬。

2. 芽接方法

梨树多采用"T"字形芽接。取芽时，选接穗中、上部的饱满芽，在芽的上方 0.5cm 处横割一刀，刀口长约为枝条圆周的一半，深达木质部，再在芽的下方 1.5cm 处向上斜削一刀，削到芽上方的横刀口，然后捏住叶柄和芽，横向一扭，使皮层与木质部分离，即可取下芽片。但注意不要扭掉护芽肉。盾形芽片的大小依芽的大小和砧木粗度而定，一般长 2cm 左右，宽 0.6～0.8cm。芽片过大过小均不宜。过小与砧木的接触面小；过大则砧木的切口必须加大，且操作费时，不易紧贴，也影响成活。芽接的部位在砧木上离地面 5～6cm 皮部光滑处，最好在北面或侧面（以免太阳直射影响成活），芽接时先在芽接部位横切一刀，深达木质部，再在横刀口中间向下竖切一刀，长度与芽片长度相适应，两刀的切口呈"T"字形。切后用刀尖轻轻撬开砧木皮层，将削下的接芽迅速插入，使接芽上端和砧木的横刀口密接，其他部分与砧木紧密相接，然后用塑料薄膜条自上而下绑缚紧牢。绑缚时露出叶柄和芽，以便以后检查成活。在芽接期间，若因干旱，砧木皮层不易剥离时，可在芽接前 2～3 天充分浇水，以加强形成层的活动，使皮层易于剥离，接后 10 天左右，即可检查成活与否。成活的接芽，色泽新鲜如常，叶柄一触即落，应及时解绑，若接芽萎缩，叶柄干枯不落，应随即补接。

3. 接后管理

芽接圃地因幼苗密度大，长势往往不一致，最好在第二年春季苗木发芽前要进行断根（断根铲宽 10cm、长 40cm），距苗砧 25cm 处斜插根部，切断主根，扩大幼苗的营养面积，可促生侧根，对过密的幼弱苗可以分栽，有利于苗木的生长和将来定植后的成活。对断根苗砧，应及时浇大水一次。要及时剪砧，剪砧部位在接芽上部 1cm 处，在发芽后，应及时抹除砧芽和萌蘖，并在 5、6 月苗木生长期各追肥一次，每亩每次用硫酸铵 10～15kg，追肥后及时浇水，以利于充分发挥肥效。雨季应注意排水，以防积涝。注意加强中耕除草和病虫防治等管理。

二、建园

(一) 园地选择

梨树对土壤条件的要求不严,各种质地的土壤均可栽培,但最为适宜的土壤是土层深厚、排水良好的沙壤土。梨树耐盐碱和耐涝能力较强,所以一般的轻盐碱土和地下水位较高的地方都可发展梨树。但当土壤含盐量超过 0.3% 的积水地,则需经过改良(洗碱排盐或排涝)才宜栽植。

(二) 品种的选择及授粉品种配置

品种选择应根据当地的气候、地势、土壤条件及品种的适应性,选择适宜的高产、优质品种。主要选市场需求大、经济价值高的优质品种做主栽品种。

(三) 栽植密度

合理密植是早果、丰产的基础。根据土壤条件和品种特性,每亩可定植 50~100 株。河北省石家庄果树所的鸭梨密植试验,亩栽 76 株,取得 3 年结果,5 年丰产,7~9 年生连续亩产超过 5000kg,最高亩产为 7532kg,比 10 年生的稀植梨树提高 9~14 倍。我县适合栽植密度株行距为 3m×5m,亩栽 44 株,或 2.5m×5m,亩栽 53 株或是土壤条件好的可栽 2.5m×4m,亩栽 66 株。

(四) 授粉品种配置

梨开花后一般要经过授粉、受精才能坐果,不经授粉、受精的花朵不久就凋萎脱落了。雄蕊散出的花粉传到雌蕊的柱头上,叫"授粉"。授粉后花粉萌发与子房的胚珠结合,叫作"受精"。梨树绝大多数品种的花虽然都有雄蕊和雌蕊,但是有不少品种同一树上或同一品种不同树上的花粉互相授粉以后仍旧不能结实,这种现象叫作"自花不实"或"自花不孕"。自花不实的品种必须由两个品种互相授粉(异花授粉)才能结实。梨除了少数品种外,大多数品种自花不实,需要异花授粉。有的品种虽然可以自花结实,但异花授粉后可以提高坐果率。所以在建园时,必须在发展一个主要品种的同时,配合栽植一定数量的其他品种,这些其他品种作为主要品种的授粉树或授粉品种。反过来,主要品种也为授粉品种授粉。例如鸭梨产区以鸭梨为主的梨园里栽植一部分雪花梨,就是为了互相授粉。授粉品种应选择本身有较高的经济价值,能丰产、稳产,具有大量花粉和花量,花粉发芽良好,与主栽品种互相授粉,结实力都高的;与主栽品种花期一致,同时进入结果期的;采收期相同或先后衔接的。授粉树距主栽品种 30m 以内有效,30m 以外授粉就太低,授粉树配置比例为 1∶5 适宜。

【思考与训练】

1. 以杜梨为例叙述砧木苗的繁殖技术。
2. 简述梨的嫁接时期、方法及嫁接后的管理。

3. 叙述梨的建园技术。

第三节　梨的栽培管理技术

任务描述

梨树在生长发育过程中，根系不断地从土壤中吸收养分和水分，供应梨树生长和结果的需要。因此，必须加强土、肥、水管理，为梨树根系创造良好的生长及活动条件；通过合理的修剪，达到形成树冠快、早结果、早丰产、品质好、树壮、寿命长的目的；通过花果管理实现丰产、稳产。

通过本次任务的学习，掌握梨的肥水管理、整形修剪和花果管理等方面的技术。

一、肥水管理

1. 施肥

1）基肥。

施基肥的时间越早越好，最好是在果实采收后落叶前。施肥量一般亩施圈肥 3000～5000kg，可同时施磷钾肥。一般认为每生产 100kg 果需用纯氮 0.6～0.9kg，磷 0.3～0.4kg，钾 0.6～0.9kg，氮、磷、钾的比例为 1∶0.5∶1。在施肥开沟时一定要注意粗度在 2cm 以上的根不要切断，其他细根可以切断增生新根扩大根系生长。

2）追肥。

第一次追肥：在果实采摘后落叶前和基肥同施。9 月中下旬～10 月上旬，这个时间是果树生长周期的开始，基存营养很重要，第二年春树体生长和叶片大小与这次施肥质量有很大关系。

第二次追肥：萌芽前进行，2 月下旬～3 月上旬。

第三次追肥：时间在 5 月上中旬，促进花芽分化形成，新梢生长。

第四次追肥：7 月中旬，果实速长期前。

每次追肥量要做到少量多次，要看花、看果来施。

2. 浇水

在梨树年生长周期中，浇水时间抓两头控中间，也就是发芽前到 6 月中旬浇水，空中间为 7～8 月，10 月下旬～11 月中旬再浇一次冻水。但是在梨树一年生长周期中也要根据气候来浇水，7、8 月旱情严重时也要适当浇水，浇水要和追肥结合起来。

二、整形修剪

整成"低干矮冠，树冠偏园，树姿开张，内大外小，内多外少"的树形。

梨树的特点

丰产容易，稳产难；梨树干性强，树高大不易控制；木质硬脆，要适当控制负载量，保持枝组直顺生长；易劈裂，梨枝基角小，拉枝时间早容易劈裂；萌芽力强成枝力弱；隐芽寿命长。

（一）新定植幼树修剪（2～3 年生树）

修剪原则一轻、二放、三调整，整形结果同进行。

定干留 10 个以上的饱满芽。第二年轻剪，多留枝、长留枝基本上不动，把两个强旺枝剪除，对其他枝 50cm 以上的枝短截，不够 50cm 枝不短截，顶芽延伸生长。

第三年长留枝，对强旺枝要背着生长方向拉平，逐步培养成长轴结果枝组，要使其交叉生长伸向行间，以利用空间和改善光照条件。通过长放一般 1.5m 以内的枝都能在第二年成花。

（二）压冠前期修剪（4～5 年生树）

主要针对长放枝采取一轻、二放、三培养，其中在中心枝顶端两个强旺枝要相互绑缚成反弓背状，培养成向行间伸长的枝组，要及时剪除弓弯处萌发的直立枝条，5 月上中旬在两个顶端枝组下面的主枝轴上环刻，促使成花结果抑制生长势。以果压冠解决梨树干性强、顶端优势强的问题。

（三）压冠后期修剪第（7～9 年生树）

压冠后期，结果量增加，生长势渐弱，修剪的原则是放缩结合，以放为主。主要针对长放枝组和其上着生的小型枝组来进行。这个时期，顶端枝组已大量结果。枝头下垂，呈弓形，生长势仍很健壮。修剪时，要逐年回缩，使枝轴长度为 1.5～2m。顶端枝组以下的长放枝组，分三种类型进行修剪，

（1）健壮枝组中角度小、生长过旺的，留 4～6 个小型枝回缩，控制生长势。

（2）一般健壮枝组，采用逐年将弱枝、弱芽回缩，将枝组回缩到 1.5～2m。

（3）细弱枝组要回缩到 1m 以下的长度，其他着生的小型枝组也要进行回缩，使之生长紧凑。

（四）丰产、稳产期的修剪

梨树进入丰产期之后，树体和生长势已趋于稳定，要实行调节性修剪，创建丰产稳产的树体条件。通过修剪调节水分、养分的输导；调整光照，使膛内外都见光，叶面积指数控制在 3～5；保持一定的生长势，防止基部（树膛内）小型结果枝组死亡，保证连年适量结果，防止大小年结果。对小型枝组采取先养后缩的修剪方法。小型结果枝组中顶梢生长量在 30cm 以上的壮枝组，修剪时以回缩为主，促进成花；对 30cm 以下的弱枝组，应先放后缩，成花后留 3～5 个壮枝回缩。

（五）成年树修剪（15 年生以后大树）

修剪的目的是调整树体结构。密植园树冠早已搭接，造成行间遮光、株间郁闭。骨干

枝的分布要均匀适度，做到大枝"少而不缺"，结果枝组"密而不乱"。

修剪的要点是调整树冠高度，使枝展大于树高。要在分枝处落头开心，并调整大中型枝的密度。

三、花果管理

（一）保花保果

梨树落花落果的原因，主要是授粉不良。因为大多数品种自花不育，所以在品种单一梨园，或有的年份花期遇到风雨影响授粉，或出现晚霜冻坏花的柱头。另外，树体营养不良，花芽本身的质量差，影响受精，而发生落花落果，一般出现在谢花后一周到半月左右。经过受精的幼果，如果树势生长过旺，幼果发育与新梢的生长发生营养物质的竞争，会使幼果得不到足够的养分，影响胚乳的发育，果柄基部形成离层，致使幼果脱落。

防止落花落果的措施，首先要在建园时配置授粉树。品种单一的成年果园，可采取高接换头或人工授粉的办法。同时要加强肥水管理，提高树体的营养状况，合理修剪，保持树势中庸健壮，使果树得到充足的养分和水分供应。

（二）疏花疏果

花量过多，易造成大小年。为防止大小年，提高果品质量，必须要进行疏花疏果。除结合冬剪适当疏除以外，还在花序分离至花落前进行疏花。丰产期的鸭梨，以花芽占总枝数的40％比较适宜，大型果的雪花梨为25％左右，即可实现丰产的目的，本着弱枝少留，壮枝多留的原则，使全树分布均匀。

疏花后，还可能结果过多，应在生理落果后进行定果。掌握好时间："立夏开始，小满完，进了忙种就太晚"。鸭梨按枝果比3∶1即可。

（三）果实套袋

1. 套袋时间

套袋应在落花后15~45天、疏果后至果点锈斑出现前进行。目前所使用的纸袋经透光度测定，大部分透光率均在1％以下，在幼果期过早套袋会影响果粒的发育，过晚套袋则果皮转色较晚，外观色泽较差，气孔变成果点，角质层表面易发生龟裂。尤其是青皮梨，当大小果分明、疏果完成后就应着手套袋。过晚，果点变大，果实颜色变深。对一些易生锈斑的品种，为减轻锈斑的发生，在幼果期增加一次小果套袋，一般在着果后可分辨果实形状时开始疏果，待确定留果数，即使用单果小套袋，最晚套小袋时间应在谢花后20天完成，否则失去意义。

套小袋后20天左右就应加套大袋，气温高且烈日无风天气，套袋时间应提早，否则袋内温度过高，可能使果皮变色甚至日灼或裂果，气温低且经常有微风的天气或海拔较高的冷凉地区，适当推迟套袋时间影响不大。海拔高、日夜温差大、雨量少的地区，两次套袋效果佳。套袋时期应是在果皮开始转粗期间最理想。

2. 套袋顺序及方法

先套上部果，再套下部果，先套内膛果，再套外围果。套袋时先将手伸进袋中，使袋膨起来，托起袋底，使两底角的通气放水孔张开，手持袋口下2~3cm处，套上果实，从中间向两侧依次折叠袋口，然后于袋口下方 2.5cm 处用纸袋自带铁丝绑紧。果实袋应捆绑在近果台的果柄上部，绑口时千万不要把袋口绑成喇叭状，以免积存药液流入袋内，引起药害。

3. 摘袋时间

着色品种在采收前 20～30 天除袋，其余品种可在采收前 15～20 天除袋。有些品种可不除袋。对红色品种在除袋后，可采用摘叶、转果等技术，促进果实着色。

果实增色措施

1. 摘叶和转果

主要摘除果实附近的贴果叶和遮光叶，以防止果面着色时形成花斑及部分害虫缀叶贴果危害。摘叶一般进行 1～2 次。套袋果第一次去袋后，不套袋果在采果前 25～30 天进行，第二次摘叶与第一次摘叶间隔 5～10 天。总摘叶量应控制在 30％ 以内为宜。摘叶时主要摘除老叶和莲座叶片，同时摘叶时应留有叶柄。

摘叶后 1～2 周，果实向阳面已着色，如果背光面还没有着色，可进行转果。转果的方法是，用手轻托果实转动 180°，对转果后易于返回的果实可用透明胶带与附近枝牵引固定。

2. 树下铺反光膜

树下铺设银色的反光地膜，以改善树冠内膛和下部的光照，从而达到果实全面着色的目的，同时还可提高果实的含糖量。铺膜时间在果实开始着色期进行。

相关链接

梨的生长发育特点

梨树的根系分布较深，骨干根较少，吸收根稀疏，多分布在 15～70cm 的土层中，大量的须根分布在距地面 15～40cm 处。梨树根系的生长与温度、水分、土壤通气情况有密切关系。冬季土层温度不低于 0.5℃，根系不停止活动，春季当土温升至 5～6℃，新根开始生长，约比新梢提早一个月。

梨比苹果的萌芽力高，成枝力低，干性也强，一年生枝不剪截，从基部第三瘪芽开始以上芽几乎都能萌发。梨的成枝力低，枝量少，树冠较稀疏。梨的枝条生长有明显的阶段性：短枝一般只有一个生长阶段，生长 7～10 天即形成顶芽；长枝具有三个生长阶段，40～60 天。主要集中在萌芽后的一个月左右，一般不发生秋梢，后期生长量少。枝条与果实争养分的矛盾比苹果小，易形成花芽，生理落果轻。梨树枝条的直立性强，但尖削度小，所以多年生枝易因结果过多而下垂，必须及时更新。

思考与训练

1. 叙述梨的土、肥、水管理技术。

2. 简述梨不同年龄时期的整形修剪特点。

3. 简述梨的保花保果措施。

4. 简述梨的疏花疏果技术。

5. 梨的生长发育有何特点？

第四节　梨病虫害防治

【任务描述】

危害梨的害虫有 340 多种，其中发生普遍、危害较重的有梨木虱、梨小食心虫，在管理粗放的果园梨茎蜂、梨网蝽、梨星毛虫危害也较严重；危害梨的病害约有 80 种，其中梨黑星病发生最普遍，为害也较严重，梨锈病在有些果园发生严重。

本次任务学习梨的主要病虫害的识别、发生规律及防治方法。

一、虫害

（一）梨木虱

1. 形态特征

梨木虱也称中国梨木虱，为同翅目、木虱科，分布很广。

1）成虫

成虫分冬型和夏型两种。冬型体长 2.8～3.2mm，呈灰褐色，前翅后缘在臀区有褐斑；夏型体长 2.3～2.9mm，翅上无斑纹（图 2-10）。

2）卵

成长卵形，长 0.3mm，越冬成虫产的卵呈淡黄至乳白色，夏卵呈乳白色。

3）若虫

初孵化时为扁椭圆形、淡黄色，3 龄后呈扁圆形、绿褐色，翅芽呈长圆形，突出于身体两侧（图 2-11）。

图 2-10　夏型梨木虱成虫

图 2-11　夏型若虫

2. 为害特点

梨木虱成虫、若虫均可为害，以若虫为害为主。成虫、若虫刺吸芽、叶及嫩梢汁液，造成叶片变褐、干枯和脱落。若虫有分泌黏液、蜜露或蜡质物的习性，若虫居内为害，分泌的黏液、蜜露可引起煤污病，污染果面，使梨果实失去商品价值（图2-12）。

3. 发生规律

梨木虱以受精雌成虫在地面的杂草、落叶、土缝、树皮缝中越冬，第二年春梨花器萌动（3月上旬）时开始出蛰，花器膨大期（3月中旬）为出蛰盛期，温度在13℃以上，连续3～5天可大量出蛰，成虫出蛰后在新梢上取食为害，并交尾产卵，一个雌性成虫产卵300～400粒，盛花期前半个月为产卵盛期，卵期为8～10天，若虫期为30～40天，6月下旬至7月下旬发生第二代成

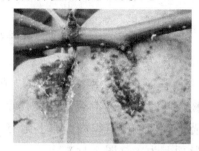

图2-12 梨木虱引起的煤污病

虫，9月上中旬出现第三代成虫，9月下旬至10月成虫开始越冬，梨木虱在河北省发生4～5代，世代重叠。

4. 预测预报

（1）成虫出蛰期：在田间初见卵期正是越冬成虫出蛰盛期，即可预报打药防治。

（2）卵期：梨木虱多将卵产在果枝、叶痕、芽痕及芽眼间，往往排列成一条断续黄线，成虫出蛰盛期为第一代卵期，调查200～300个芽，如芽卵率达1％以上或刚见卵孵化若虫时，可立即预报打药。芽卵率＝调查有卵芽数÷调查芽总数×100％。

5. 防治方法

（1）刮除老翘皮：剪锯口死皮组织，并集中销毁。

（2）清扫果园：春季萌芽前，将果园的杂草、枯枝、烂叶、病僵果全部清理出果园，并集中烧毁。

（3）减少越冬虫口数：秋季9月下旬在树干上缠草把，诱杀越冬成虫，严冬来临前全园灌水，可大大减少越冬虫口数。

（4）药剂防治：3月中旬早春越冬成虫出蛰期，梨树尚未展叶，成虫和卵均暴露在枝条上，应抓住这一有利时机重点防治。连续喷2次0.3％的齐螨素1500倍液或24.5％的阿维虱螨清乳油1500～2000倍液，两次喷药间隔3～5天。梨树落花95％是防治梨木虱的又一个关键时期。这时有90％的卵孵化若虫，未大量分泌黏液，此时用药不易产生药害，且效果好，幼果期用药易产生药害造成果锈。上述两个关键时期防治好了，可达到全年防治的目的。第二代若虫发生期要抢先抓早进行防治，并且每间隔10天防治一次，连续防治2～3次。

（二）梨网蝽

1. 形态特征

1）成虫

成虫体长3.3～3.5mm，扁平，暗褐色。头小、复眼暗黑，触角为丝状，翅上布满网状纹。前胸背板隆起，向后延伸呈扁板状，盖住小盾片，两侧向外突出呈翼状。前翅合叠，其上黑斑构成"x"形黑褐斑纹（图2-13）。

2）卵

形为长椭圆形，长 0.6mm，稍弯，初呈淡绿后呈淡黄色。

3）若虫

呈暗褐色，翅芽明显，外形似成虫，头、胸、腹部均有刺突。

2. 发生规律

华北 1 年发生 3～4 代，以成虫在枯枝落叶、翘皮缝、杂草及土石缝中越冬。翌年梨树展叶时成虫开始活动，世代重叠。10 月中旬后成虫陆续寻找适宜场所越冬。产卵在叶背叶脉两侧的组织内。卵上附有黄褐色胶状物，卵期约 15 天。若虫孵出后群集在叶背主脉两侧为害（图 2-14）。

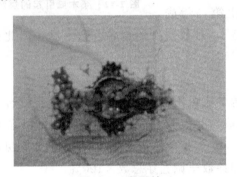

图 2-13　梨网蝽

图 2-14　梨网蝽为害状（叶正、反面）

3. 防治方法

（1）人工防治：9 月在树干绑草诱集越冬成虫；冬期彻底清除杂草、落叶，集中烧毁，可大大压低虫源，减轻来年为害。

（2）化学防治：一代若虫孵化盛期及越冬成虫出蛰后及时喷洒 50％马拉硫磷乳油或 40％乐果乳油 1000～1500 倍液、50％敌敌畏乳油或 90％敌百虫 800～1000 倍液、2.5％敌杀死（溴氰菊酯）乳油或 2.5％功夫乳油或 20％灭扫利乳油 3000 倍液。

（3）生物防治：利用保护天敌，已知天敌有军配盲蝽等。

图 2-15　梨星毛虫为害状

（三）梨星毛虫

1. 为害状

我国各梨产区发生普遍，以幼虫为害梨的芽、花及叶片，有时还为害果实。一年中有两次为害，以第一次为害最重。常常造成落叶落果，影响产量和树势。除为害梨外，还严重为害苹果、沙果、海棠等树。过冬幼虫出蛰后，蛀食花芽和叶芽，被害花芽流出树液；为害叶片时把叶边用丝粘在一起，包成饺子形，幼虫于其中吃食叶肉。夏季刚孵出的幼虫不包叶，在叶背面吃叶肉。叶子被害呈油纸状（图 2-15）。

2. 形态特征

1）成虫

体长 9～12mm，翅展 19～30mm。全身为黑色。翅半透明，呈暗黑色。雄蛾触角呈短羽毛状，雌蛾的呈锯齿状（图 2-16）。

2）卵

呈椭圆形，长径为 0.7～0.8mm，初为白色，后渐变为黄白色，孵化前为紫褐色。数十粒至数百粒单层排列为块状。

3）幼虫

从孵化到越冬出蛰期的小幼虫为淡紫色。老熟幼虫体长约 20mm，呈白色或黄白色、纺锤形，体背两侧各节有黑色斑点两个和白色毛丛（图 2-17）。

4）蛹

体长 12mm，初为黄白色，近羽化时变为黑色。

图 2-16　梨星毛虫成虫

图 2-17　梨星毛虫幼虫

3. 发生规律

此虫在华北地区一年一代，而在河南西部和陕西关中一带一年则有两代的。都以小幼虫在树皮裂缝和土块缝隙中做茧过冬。梨花芽露绿时，幼虫开始从茧内爬出，花芽开绽是幼虫大量出来的时期，直到花序分离期出蛰方才完毕。幼虫出蛰后，如芽还没开，就从芽旁露白处咬一小孔，钻到芽内为害，芽裂开后钻到芽里吃嫩叶和花苞。展叶后把叶包成饺子状，于其中为害，一个幼虫可为害 5～7 个叶片，幼虫老熟后在包叶中或在另一片叶上做白茧化蛹。蛹期约为 10 天。在河南和陕西关中一带于麦收时（约 6 月初）成虫大量出现。成虫白天潜伏在叶背不动，黄昏后活动交尾，产卵于叶背面，成不规则块状，卵期为 7～10 天。幼虫孵出后群集在叶背舐食叶肉，仅留表皮及叶脉，呈筛网状。有时也为害靠近叶片的果实表皮。在我国北方，小幼虫为害半个月左右，长到 2～3 龄时，陆续转移到裂缝中做茧过冬。

4. 防治方法

（1）越冬前树干绑草，诱集越冬幼虫，或结合防治其他害虫冬季刮除树干上的老翘树皮集中处理。包叶为害期可摘除苞叶，杀死幼虫。

（2）越冬幼虫开始活动为害到梨树开花前喷布乐果 1000 倍液、2.5％的溴氰菊酯 2000 倍液，如果能掌握好施药时期，可以达到控制为害的目的。

（3）夏季小幼虫孵化后，可再喷一次上述任一种药剂，以杀死幼虫。

（四）梨茎蜂

1. 形态特征

1）成虫

成虫是一种小型蜂子，体长 7～10mm，翅展 13～16mm。呈黑色。翅透明。触角为丝状，呈黑色。胸背板两端有黄斑点。足呈黄色。腿节呈黄褐色（图 2-18）。

2）卵

呈白色、长椭圆形，长 1mm 左右。

3）幼虫

呈白色，头为淡褐色，尾端向上翘，胸部下弯，老熟幼虫长约 10mm，无足（图 2-19）。

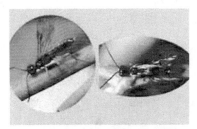

图 2-18　梨茎蜂成虫

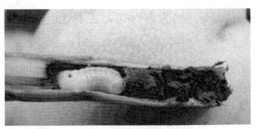

图 2-19　梨茎蜂的幼虫

4）蛹

呈白色，复眼为红色，近羽化前变为黑色。化蛹于棕色薄茧内。

2. 发生规律及习性

图 2-20　梨茎蜂为害状

一年一代，以老熟幼虫或蛹在被害枝条蛀道的基部越冬，来年梨树开花时（4 月中、下旬）成虫羽化。成虫有假死性。在新梢长出 4～5 寸时产卵，产卵时成虫用产卵器将新梢锯断（图 2-20），然后将卵产在留的小橛内，卵期为 7～10 天。每头雌蜂可产卵 20 粒左右。幼虫孵化后，先在小短橛内为害，长大后钻到二年生枝中串食。于 8～9 月在被害梢内做茧过冬。成虫有群集性，常停息在树冠下部及新梢叶背面。它只为害梨树。

3. 防治方法

（1）最有效的方法是彻底剪除被害梢，从梨落花后开始，把产卵枝剪净即可。

（2）发生严重地区，于成虫盛期喷 50% 敌敌畏 1000 倍，或 50% 对硫磷 2000～2500 倍液均可。

（3）利用成虫的假死性，于早晚低温时捕捉或震杀。

（五）梨小食心虫

梨小食心虫在各地果园均有发生，是梨树的重要害虫，在梨、桃树混栽的果园为害尤为严重。梨小食心虫除为害梨、桃树外，也为害李、杏、苹果、山楂等，严重影响果品质量及梨果产量。

1. 为害状

桃梢受害，多从新梢顶部第二、第三片叶的基部蛀入，向下蛀食，梢顶端的叶片先萎缩，然后新梢干枯下垂（图 2-21）。

果实受害，多从果肩或萼洼附近蛀入，直到果心。早期蛀孔较大，孔外有粪便，引起虫孔周围腐烂变褐，并变大凹陷，形成"黑膏药"（图 2-22）。后期蛀孔小，且周围呈绿色。

 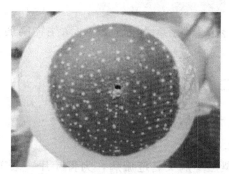

图 2-21　梨小食心虫为害的桃梢　　　　　图 2-22　梨小食心虫为害的梨果实

2. 形态特征

1）成虫

体长 5～7mm，翅展 9～15mm，全身呈灰褐色，无光泽，前翅前缘有 10 组白色短纹，在翅的中部有一小白点，近外缘处有 10 个小黑斑点（图 2-23）。雌蛾尾端有环状鳞片，雄蛾比雌蛾略小。

2）卵

呈扁椭圆形，中央稍隆起，刚产时呈淡黄白色，渐变微粉红色。

图 2-23　梨小食心虫成虫

3）幼虫

老熟幼虫体长 10～13mm，体背面淡红色。头呈浅褐色。

4）蛹

体长 6～8mm，呈黄褐色，外被有灰白色丝茧（化蛹部位）。

3. 防治方法

（1）避免混栽：在新建果园时，不要把苹果、桃、梨等不同种类的果树混栽在一起。

（2）人工防治：早春果树发芽前，刮除老翘皮，并集中烧毁，消灭越冬幼虫，如图 2-24 所示；在越冬幼虫脱果前，在树干上绑草把、麻袋片等诱集梨小食心虫越冬幼虫，并集中烧毁；4～6 月，及时剪除被害新梢并烧毁；及时捡拾、处理被害果实。

图 2-24 刮了老翘皮的梨树

（3）化学防治：自 7 月起，当卵果率达 1％时，抓住此时机，立即进行喷药防治。药剂可选用 2.5％绿色功夫或敌杀死乳油 3000～5000 倍液、20％灭扫利乳油 3000 倍液、40％水胺硫磷乳油 1200～1500 倍液或 25％快杀灵乳油 2000 倍液等药剂中的任意一种。喷药要仔细均匀周到。

（4）诱杀成虫（物理机械防治）：可设置糖醋液、黑光灯、性诱剂等设备诱杀成虫。糖醋液的配制为糖 5 份、醋 20 份、酒 5 份、水 50 份。

（5）生物防治：保护或释放寄生蜂，施用白僵菌粉等微生物制剂。

二、梨病害

（一）梨黑星病

1. 症状

梨黑星病又名疮痂病，为害叶片、果实、叶柄、新梢。

（1）果实发病初期，果面上生淡黄色圆形斑点，逐渐扩大后，病部稍凹陷，上长黑霉（图 2-25）。后期病斑木栓化并龟裂。幼果受害后变为畸形果。

（2）叶片受害初期，叶背出现圆形或不规则形的淡黄色斑，不久沿主脉边缘长出黑色霉层，严重时整个叶背布满黑色霉层（图 2-26）。

图 2-25 梨黑星病病果

（3）叶柄上也会出现椭圆形的淡黄色斑点，不久病斑凹陷处长出黑霉（图 2-27）。

图 2-26 梨黑星病病叶

图 2-27 受害叶柄

（4）新梢受害时，初期形成淡黑色病斑，后逐渐凹陷，表面长出黑霉，后期病斑龟裂，呈疮痂状。

2. 发病规律

病菌在腋芽的鳞片内越冬或在病枝梢、病落叶上越冬。每年春季新梢基部最先发病，病梢是重要的侵染中心。病菌自梨树开花、展叶期开始直到采收果实为止，均可在幼嫩部位陆续为害，但以叶片和果实受害最重。河北省 4 月下旬至 5 月上旬开始发病，7～8 月雨季为盛发期。降雨早晚、降雨量大小和持续天数的多少是影响病害发展的重要条件。雨季早且持续长，尤其是 5～7 月雨量特多、日照不足、空气湿度大时容易引起病害流行。梨树不同品种间的抗病性有差异，一般中国梨最易感病，日本梨次之，西洋梨最抗病。发病较重的品种有鸭梨、秋子梨、京白梨和麻梨等。

3. 防治方法

（1）消灭病菌侵染来源：秋末冬初清扫落叶和落果，早春结合修剪清除病梢，病叶及果实，加以烧毁。生长期及时摘除病部。

（2）加强果园管理：增施肥料，特别是有机肥，增强树体抗病能力。合理修剪改善树冠内的通风透光条件。

（3）化学药剂防治：①药剂铲除菌源：花芽萌动前喷波美度 3°～5°石硫合剂，杀死树上菌源。②喷药保护：谢花后，河北北部 5 月上中旬病梢出现期和 5 月中下旬梨幼果期各喷一次药，可用 1：2：200 波尔多液或 50％的甲基托布津可湿性粉剂 500～800 倍液。在此基础上，6 月上中旬，麦收前喷第三次药，以后根据降雨情况再喷 2～3 次。

（二）梨锈病

1. 症状

梨锈病又名赤星病，为害叶片、新梢和幼果。

叶片受害在叶面上出现橙黄色有光泽的小斑，逐渐扩大为近圆形的病斑，直径为 4～5mm，中部呈橙黄色，边缘呈淡黄色，外圈的黄绿色的晕环与健部分开，病斑性孢子器由黄色变为黑色后向叶背面隆起，叶面微凹，以后病斑变黑（图 2-28）。

新梢、幼果及果柄病斑与叶相似。幼果受害畸形、早落；新梢受害易被风折断。转生寄主为柏科植物桧柏（圆柏）等。

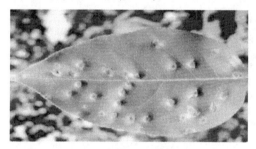　　

图 2-28　梨锈病病叶正面　　　　　图 2-29　梨锈病病叶反面

2. 发病规律

梨锈病病菌是以多年生菌丝体在桧柏枝上形成菌瘿越冬，翌春 3 月形成冬孢子角，冬孢子萌发产生大量的担孢子，担孢子随风雨传播到梨树上，侵染梨的叶片等，但不再侵染桧柏。梨树自展叶开始到展叶后 20 天内最易感病，展叶 25 天以上，叶片一般不再感染。病菌侵染后经 6～10 天的潜育期，即可在叶片正面呈现橙黄色病斑，接着在病斑上长出性孢子器，在性孢子器内产生性孢子。在叶背面形成锈孢子器，并产生锈孢子（图2-29），锈孢子不再侵染梨树，而借风传播到桧柏等转主寄主的嫩叶和新梢上，萌发侵入为害，并在其上越夏、越冬，到翌春再形成冬孢子角，冬孢子角上的冬孢子萌发产生的担孢子又借风传到梨树上侵染危害，而不能侵染桧柏等。梨锈病病菌无夏孢子阶段，不发生重复侵染，一年中只有一个短时期内产生担孢子侵染梨树。担孢子寿命不长，传播距离约在5km的范围内或更远。

3. 防治方法

（1）清除转主寄主：清除梨园周围5km以内的桧柏、龙柏等转主寄主，是防治梨锈病最彻底有效的措施。在新建梨园时，应考虑附近有无桧柏、龙柏等转主寄主存在，如有应全部清除，若数量较多，且不能清除，则不宜做梨园。

（2）铲除越冬病菌：如梨园近风景区或绿化区，桧柏等转主寄主不能清除时，则应在桧柏树上喷药，铲除越冬病菌，减少侵染源。即在3月上中旬（梨树发芽前）对桧柏等转主寄主先剪除病瘿，然后喷布波美度4°～5°石硫合剂。

（3）梨树喷药防治：在梨树上喷药，应掌握在梨树萌芽期至展叶后25天内，即担孢子传播侵染的盛期进行。一般梨树展叶后，如有降雨，并发现桧柏树上产生冬孢子角时，喷1次20％粉锈宁乳油1500～2000倍液，隔10～15天再喷1次，可基本控制锈病的发生。若防治不及时，可在发病后叶片正面出现病斑时，喷20％粉锈宁乳油1000倍液，可控制危害，起到很好的治疗效果。

思考与训练

1. 如何识别梨木虱的为害状？怎样防治？
2. 简述梨星毛虫的发生规律、防治方法。
3. 简述梨茎蜂的为害状及防治方法。
4. 叙述梨小食心虫的为害状、发生规律及防治方法。
5. 叙述梨黑星病的症状特点及防治方法。
6. 简述梨锈病的症状特点及防治方法。
7. 根据当地梨园病虫害发生及防治情况，制定梨的病虫害防治历。

第三章 桃

单元提示

桃在河北省大部分地区广泛栽培,目前生产中的主要栽培品种为大久保、北京14号。与苹果相比,桃树一年有多次生长,且生长量大,容易形成花芽,早果性强,产量高;但结果枝组容易衰老,树冠内膛易光秃,树体寿命短。桃树主要病虫害有细菌性穿孔病、流胶病以及桃蛀螟、蚜虫、桃红颈天牛和梨小食心虫等。

本单元主要介绍桃的优良品种、栽培管理技术和病虫害防治的内容。

第一节 桃优良栽培品种

任务描述

桃的品种很多,根据形态、生态和生物学特性,可将桃品种分为南方桃品种群、北方桃品种群、黄肉桃品种群、蟠桃品种群和油桃品种群。本次任务学习生产中桃主要品种的果实性状和栽培习性。

1. 大久保

日本冈山县1920年发现的偶然实生单株,属南方桃品种群。

果实性状:果型大,呈近圆形,两半部不对称,果顶平,中央稍凹,梗洼狭而深,缝合线浅。果面呈淡绿黄色,阳面有点状鲜红晕及条纹,果皮稍厚完熟后离皮,果肉为乳白色,阳面为暗红色,近核处稍有红色(图3-1)。刚采收时肉质较致密而脆,充分成熟后柔软,果汁多,味香甜,微有酸味,品质上等,离核,耐贮运。7月下旬至8月初成熟,南方品种群。

图3-1 大久保

栽培习性:树势中等偏弱,树姿开张,树冠呈半圆形。萌芽力和成枝力均强,枝条平展而略下垂。节间短,多复芽。以长果枝结果为主,副梢结实能力强。复花芽多,花粉多,是很好的授粉品种。自花结实力强,坐果率高,丰产性好。栽后两年见果,五年生树株产50kg。该品种要求肥水条件较高,否则品质差,有明显的苦涩味;另外幼树抗寒力稍弱,再就是不耐涝。

2. 北京 14 号

果实呈长圆形，果型较大，平均单果重约 150g，最大果重 230g。果顶圆，顶点微突，梗洼深而中广，缝合线中深。果面呈浅黄绿，茸毛少，阳面有少量深红晕，背面有少量条纹。果皮不易剥离。果肉呈白色，缝合线两侧稍有红色，核窝呈红色。肉质松脆、汁少，经后熟以后变"面"，味甘甜，品质上等。离核，核窝有空腔，极耐贮运，罐藏性能良好。8 月上旬成熟，北方品种群如图 3-2 所示。

3. 早凤王

果实性状：果实为近圆形稍扁，平均单果重 250g，大果重 420g。果顶平微凹，缝合线浅。果皮底色白，果面着粉红色条状红晕，如图 3-3 所示。果肉呈粉红色，近核处呈白色，不溶质，风味甜而硬脆，汁中多，含可溶性固形物 11.2%。半离核，耐贮运，品质上，可鲜食兼加工。在北京地区 6 月底至 7 月初果实成熟，果实生育期为 75 天。

栽培性状：幼树强健，结果后树势中庸，树姿半开张，萌芽力、成枝力中等。叶片大，花芽着生节位低，花粉多，有一定自花结实能力。坐果率较高，负载量过大，影响树体生长与成花。幼树以长中果枝结果为主，盛果期树以中短果枝结果为主。早果性、丰产性良好。对肥水要求较高，对钾肥很敏感，缺钾时果实着色差，个头小，含糖量低，成熟期推迟，影响成花。

图 3-2 北京 14 号

图 3-3 早凤王

4. 白凤

图 3-4 白凤

果实性状：果实中大或较大，呈近圆形，底部稍大，果顶圆，中间稍凹；梗洼深而中广，缝合线浅。果面为黄白色，阳面为鲜红；皮较薄，易剥离；肉质为乳白，近核少量红色。肉质柔软多汁，味甜，香味淡，品质上等。为粘核。耐贮运如图 3-4 所示。

栽培性状：树势中等，树枝较开张，发枝顺直，角度适宜，树体易管理。结果早，丰产。幼树以长中果枝为主，盛果期短果枝大量增加，以中短果枝结果为主。多复芽，花粉多，结果率高，花芽抗寒力强。

如何区分南方桃品种群和北方桃品种群

北方桃品种群的特点是树姿直立或半开张，树势强健，以短果枝结果为主，多具单花芽，许多品种无花粉或自花结实率低，需配置授粉树，此外果实顶部凸出。南方桃品种群的特点主要是树势中等，树姿开张或半开张，发枝力较强，以中长果枝结果为主，多具复花芽。果实顶部无明显凸起，果肉柔软多汁。

思考与训练

1. 到市场上了解一下当地各桃品种行情，并买一些不同桃品种果实进行品尝。
2. 能识别当地主要桃品种。
3. 与果农们座谈，了解种植哪些桃品种效益高。

第二节　桃栽培管理技术

任务描述

桃园管理水平的高低，决定着桃生产的效益。因此，必须通过科学的管理，满足桃树生长发育需求，以便生产优质的果品，取得更大的经济效益。

通过本次任务的学习，掌握桃园建立、土肥水管理、花果管理、整形修剪等技术。

一、建园和栽植

1. 建园

桃树是喜光树种，较耐旱及盐碱，抗涝性差，因此要首先选好园址，选择地势较高，光照条件较好，排水良好，土层疏松、深厚的沙质土壤或沙地建园，避开低洼易涝、土壤过于黏重的地块建园。

桃树园地选择八忌

一忌低洼积水；二忌土壤黏重；三忌地下水位过高；四忌盐碱；五忌背阴；六忌连作重茬；七忌交通不便；八忌−20℃低温。

2. 栽植

桃树结果早，干性弱，需光性强，适于矮化栽植。栽植要选择健壮充实，无病虫害，整形带内芽眼饱满的嫁接苗木，要搭配不同的品种做授粉树，授粉树配置比例一般为20%～50%。栽植行向根据具体情况而定，一般为南北行向为好。栽植密度可采用3m×5m或4m×6m，密植栽培可采用（2～3）m×4m。栽植时间多为春季萌芽前。

二、土肥水管理

（一）土壤管理

图 3-5　桃园间作

桃园土壤管理主要是深翻改土、果园耕翻和中耕除草。桃园间作物以花生、薯类、豆类等矮秆作物为宜，不宜种植高秆作物（图 3-5）。间作物不可距树干太近，一般新栽树要留出 1m 宽的树盘，逐年扩大，3～4 年后停止间作。

（二）施肥

1. 基肥

施肥最好在 9～10 月果实采收后及时施入，以有机肥为主，施肥量为产量的 2～3 倍，采用沟施法。施肥后立即埋土、灌水。

2. 追肥

一般一年进行 5 次。第一次在桃树萌芽前，以氮肥为主；第二次在花后，以补充氮肥，配合磷钾肥；第三次在硬核期，以钾肥为主，配合氮、磷肥；第四次在果实采收前 20 天，以磷钾肥为主；第五次在果实采收后，肥料以氮、磷、钾复合肥较适合，钾肥不用氯化钾。施肥后立即浇水。

（三）灌水与排水

灌水一般结合施肥进行，在其他时期土壤过度干旱时要及时灌水。

桃树怕涝，对积水反应敏感，短期积水就会造成黄叶、落叶甚至死亡。因此，雨季必须注意排水，且秋季多雨时，应提早耕翻晾墒。

三、整形修剪

（一）常用树形

1. 三主枝开心形

干高 30～50cm，在主干上的不同方位，均衡排列三个主枝，各按 55°～65°角度直线延伸，每个主枝上留 2～3 个侧枝，开张角度为 60°～80°，主侧枝上多留枝组，此树形适合于株行距差别不大的果园（图 3-6）。

2. 二主枝开心形

主干高 30～40cm，有分别伸向行间相反方向的两个大主枝，侧枝插空选留。这种树形成形快，主枝少，易平衡，两大主枝伸向行间，又叫"Y"字形，适合于宽行密植园（图 3-7）。

此外，尚有杯状形、篱壁形等，生产中应用不多。

图 3-6　三主枝开心形

图 3-7　桃园间作

（二）幼树和初果期树的整形修剪

桃树幼树期及初果期树具有生长旺盛、萌芽和成枝力强、壮枝能抽生多次副梢及花芽形成早等特点，应当边整形、边结果，以轻剪为主，冬夏结合，迅速扩大树冠，及早成形，为早果丰产打好基础。现以三主枝自然开心形为例，介绍整形修剪要点。

1. 定干

栽植成品苗时，春季留 50～60cm 定干，南方品种可高些，北方品种可适当低些，剪口下要有 10 个左右的饱满芽，以便选择和培养主枝。栽植芽接半成品苗时，发芽前在接芽上方 1～2cm 处剪砧，发芽后及时除萌，待新梢长至 50cm 时留 40～45cm 摘心，促使副梢尽快萌发，利用二次枝当年选出主枝。

2. 主、侧枝培养

春季萌芽后，当新梢长至 30～40cm 时，选留 3 个方向合适、生长健壮的新梢做主枝，其余留 10～15cm 摘心，培养成结果枝组。培养主枝的新梢，长达 50cm 以上时，可留 45cm 摘心，促使二次枝萌发，培养第一侧枝。8 月底 9 月初，将尚未停长的新梢，摘去嫩尖，以充实枝条，提高越冬能力。

第一年冬剪时，主、侧枝延长枝留 40～50cm 剪截，主枝长些，侧枝短些，主枝弱的长些，强的短些，主枝角度为 55°～65°，侧枝角度为 60°～80°。主枝、侧枝以外的枝条，只疏除影响主枝生长的过旺枝、重叠枝、竞争枝等，其他枝尽量保留，并利用其结果。主、侧枝上要适当短截部分预备枝，以培养枝组。

第二年继续培养各主、侧枝，夏剪时，对角度直立而过于强旺的主枝，可用二次枝换头来开张角度，即选一个合适的二次枝代替主枝枝头，将上部主枝去掉，下部的二次枝通过摘心来控制生长。要及时疏竞争枝，控制内膛强旺新梢及直立新梢，通过多次摘心，使之成为结果枝组，尽早结果，过密的及时疏除。在三个主枝的同一方向选留第一侧枝，距第一侧枝 40～50cm 处，在第一侧枝的对面选留第二侧枝，侧枝开张角度为 60°～80°。

第二年冬剪，主枝枝头剪留长度为 45～50cm，侧枝枝头剪留长度为 35～40cm，继续开张主、侧枝的角度，枝头剪口下第一芽要留背后芽或背斜侧芽，也可将强旺枝头用副梢换掉，俗称"甩小辫"。疏除过旺枝、过密枝等。其他中壮枝条尽量保留，适当短截后使其结果。

第三年以后的任务是继续培养，调整主、侧枝，选留好第三侧枝。第三侧枝要在主枝上第一侧枝的同侧或背下，距第一侧枝 100cm 左右，同时要注重结果枝组的修剪。

3. 结果枝组的培养

桃树结果枝组可分为大、中、小三种类型。大型结果枝组有 10 个以上结果枝，长度在 50cm 以上，结果量多，寿命长；中型枝组有 5～10 个结果枝，长度为 30～50cm，寿命长；小型结果枝组由 5 个以下结果枝组成，长度在 30cm 以下，结果量小，寿命短，三五年便衰亡。

培养桃树的结果枝组有下述三种方法：

一是利用树冠内膛的徒长性结果枝和长果枝，通过冬季短截，然后在夏季多次摘心，翌年冬剪时加以适当整理，便形成枝组。

二是内膛有空间时可将保留的徒长枝扭曲或拉倒，让前部结果，后部发枝，然后再回缩，即成枝组。

三是充分利用骨干枝剪口下的竞争枝，通过剪截、摘心等方法控制改造成结果枝组。

枝组在骨干枝上的布局应掌握两头稀、中间密；前面以中小型为主，中间和后面以中大型为主；背上以中小型为主，背后及两侧以中大型为主。总的要以保证阳光通透、生长均衡、从属分明、高低参差、排列紧凑、不挤不秃为原则。

（三）盛果期树的修剪

一般桃树定植 5～6 年后进入盛果期，其年限可维持 10～15 年，土肥水管理条件好、技术水平高的，盛果期年限还可延长。这个时期的特点是，树势缓和，树冠成形而不再扩大，各类枝组基本配齐，产量上升，随着树龄的增加，中、短果枝比例不断增加，内膛小枝逐渐开始死亡，结果部位外移。修剪的主要任务是不断培养和更新枝组，保证树体健壮，维持高产稳产。

1. 骨干枝的修剪

此期的骨干枝头，要始终保持一定的生长势，要能起到带头作用，短截时其水平高度要占绝对优势。对已开始衰弱的枝头，可用较强的侧枝或枝组代替原枝头。前部枝头要尽量少留果，要短截、回缩，抬高角度交替使用，以维持主、侧枝内各枝组间的平衡。主枝要基本上保持 55°～65°角，侧枝要保持 60°～70°角。

此外，要注意维持、调整各个主枝间的平衡，过强的主枝，要通过开张角度、多留果枝及疏强枝留中庸枝等措施，控制其生长势，较弱的主枝要适当抬高角度、少留花果、多剪少疏和保留壮枝，提高其生长势。

在主枝与侧枝之间，也要保持明显的主从关系，主枝的生长势一定要强于侧枝，主枝回缩，侧枝也要相应回缩，主枝枝头的水平高度降低，全主枝上其他所有枝头的水平高度都要相应降低。

2. 结果枝组的修剪

盛果期结果枝组的修剪是复壮与培养相结合。早期已培养成的枝组，强壮的要去直立留平斜、去强壮留中庸；较弱的要去弱留壮，少留果而多重短截；过长枝组要及时回缩，防止早衰；枝头弱的枝组要先复壮后回缩，多短截小枝，少留花果，中下部枝条去弱留强。冬剪后的盛果期桃树如图 3-8 所示。

结果枝组各类枝的修剪，北方品种与南方品种略有不同，南方品种群以中、长果枝结果为主，多采用单枝更新与双枝更新的修剪方法，在充分占据空间的前提下，每10～15cm保留一个中壮果枝，而北方品种群则以短果枝和花束状果枝结果为主，则多采用三枝更新修剪方法，具体修剪方法如下。

（1）单枝更新：是对桃树的长、中果枝，在有空间需伸长的部位或只有一根枝条结果时，适当短截，使其在结果的同时，抽生出1～3个中壮新梢，下年用作结果。一般长果枝剪留4～5节，中果枝剪留3～4节。下年冬剪时，选留靠近基部发育充实的结果枝短截结果，其余枝条连同母枝一齐去掉。以后仍作同样的处理。这种同一枝条既连年结果又发枝的更新方法叫单枝更新。这种方式连年使用时，会使结果部位逐年提高，且枝组易衰弱。

（2）双枝更新：在同一母枝上，选靠近基部的两个中、长果枝，上位枝当年结果，适当轻剪，下位枝仅留基部2～3芽重截，促发2～3个中、长枝。第二年冬剪时，将上年的上位枝去掉，在新促发的中、长枝中，同样上位枝轻剪结果，下位枝重截发枝。这种修剪更新方法称双枝更新。它既保持结果部位的稳定，不致外移，又可使结果枝健壮，结好果。

图3-8　冬剪后的盛果期桃树

（3）三枝更新：即在一个小枝组内相邻的3个枝条中，上位枝按结果枝要求适当回缩使其结果，中间的一个枝缓放促使其形成大量的中、短果枝及花束状果枝，下位枝基部留2～3芽重短截，促生中、长枝，缓放1～2根，用以成花，剪截1根，继续促枝。以后年年如此处理，此法适于北方品种群的修剪。

（四）衰老期桃树的修剪

此期的特点是树体生长衰弱，新梢生长量很小，中、小枝组大批死亡，内膛光秃，结果部位严重外移，产量逐年下降。此期的修剪要本着重截更新的原则，回缩更新骨干枝和大、中型枝组，充分利用徒长枝更新树冠，抬高角度。维持一定树势，保持一定的产量。

（五）夏季修剪

根据桃树的生长结果规律，合理运用夏季修剪技术，可以利用副梢加速整形、控制竞争，变徒长枝为结果枝组、减少营养消耗，改善通风透光条件，促进果实发育和花芽分化，达到早成形、早结果、早丰产的目的。通过夏剪，还可以控制部分枝条的过分旺长，增加枝条的充实程度及贮藏营养，提高越冬能力。桃树夏季修剪的主要方法如下：

1. 抹芽

4月下旬至5月上旬萌芽后，在需留枝的部位留下适宜的新梢，将其余过密的嫩梢全部抹掉，以节约营养，减少无用梢对养分的消耗。盛果期及其以前各期，均要及时采取这一措施。

2. 疏梢

5月上旬至6月中旬，新梢长达30cm左右时，根据需要，选留位置适宜的壮梢或中庸梢，疏去过密梢、下垂细弱梢及枝头竞争梢等，同时疏去内膛无空间的徒长梢。一般幼树及初果期树，为了培养结果枝组，背上及两斜侧均可每20cm左右留1新梢，适当处理后使其结果，再过密的新梢就应疏除。成年树中，南方品种群的长果枝上，可留1~2根新梢，短截的预备枝上可留2~3根新梢，中果枝及短果枝上均留1根新梢，过多的均应及时疏除。

3. 摘心

摘心是桃树夏季修剪的主要措施，一般幼树一年进行3~4次，成年树进行1~2次。

第一次在5月上旬，结合疏枝，将背上保留的直立新梢，留10~20cm摘心，促生分枝，培养枝组，摘心时不要一个长度、像理发一样一般齐，要高低交错，参差不齐。幼树延长枝长达45~50cm时，可留40~45cm摘心，第一芽要留外芽，以利早期快速整形。盛果期树上的结果枝，此时可暂不摘心。

第二次在6月上旬，将上次摘心后副梢长达30cm以上的，再次摘心，本次要轻，只去嫩尖即可。上次未摘心现已长长的，要按上次的方法摘心。盛果期树此时可对40cm以上的过旺长梢留30cm摘心。

第三次在7月中旬至8月中旬，将未停长的旺梢及副梢摘去嫩尖，以促使枝条组织充实，花芽饱满，增加营养积累，以利于安全越冬。本次摘心要以轻为主，适当长留，且一般8月中旬以后千万不要重摘心，以防刺激新梢过度萌发副梢而影响成花。

第四次在8月底9月初，仅对过度挡光的长梢及徒长梢适当摘心或疏除，且只用于幼旺树。

四、桃花果管理技术

（一）授粉树配置与人工辅助授粉

对自花结实的品种，异花授粉可提高坐果率。一般应配置1~2个授粉品种，数量控制在10%~20%。对自花不实或无花粉的品种一般应配2~3个品种，数量不低于30%。

花期低温阴雨天延续时间长，在开花期要进行人工授粉。授粉宜在温暖无风的中午进行。授粉顺序先上后下，从内到外，一般长果枝授6~8朵、中果枝授3~4朵、短果枝授2~3朵。应选刚开放不久，柱头嫩绿并附有黏液的花朵。方法有人工点授、机械喷粉和液体喷粉等。

（二）疏花疏果

（1）疏花的时间：应结合冬剪进行，首先冬剪时疏剪掉过多的花芽或短截果枝，其次是在花期疏除过早花、迟花、畸形花等。

（2）疏果时间及次数：疏果时期一般在花后20~25天进行，可一次完成，对落果严重的品种，可分两次疏果，花后先预疏一次，生理落果后再疏一次完成定果。

（3）留果标准：主枝延长枝不留果，徒长性结果枝留4~5个果，长果枝留3~4个，中果枝留1~2个果，短果枝和花束状果枝留1个果。同一枝上果子间距为10~12cm。

（三）果实套袋

（1）作用：可改善果面着色，使果实洁净美观，色泽鲜艳，果肉白嫩，纤维减少；对油桃套袋还可明显减轻裂果。

（2）套袋时期：生理落果基本结束后进行，落果迟而重的品种宜晚套袋，避免出现空袋。

（3）套袋方法：套袋顺序依疏果顺序进行，套袋前先用生产绿色食品鲜桃允许使用的杀菌剂、杀虫剂对果实全面喷洒。等药液干后及时套袋。具体方法：先将果袋撑开，把桃套入袋内，使果在袋中央，不要贴在袋壁，果枝穿过纸袋"V"开缺口，把袋用铅丝固定在果枝上，不能把叶片套入袋内。

（4）摘袋：摘袋一般于采收前15天进行。摘袋时，注意天气状况，应在早晚或阴雨天进行，以避免太阳灼伤果实。

相关链接

桃的生长结果习性

桃为落叶小乔木，干性弱，树冠开张。幼树生长旺盛，树冠成形快。开始结果早，定植后第二年就可以结果，在密植情况下，第三年就可以进入盛果期，15年后进入衰老期。桃寿命短，管理较好的果园，20年后还能维持结果。

根系主要分布在10～40cm的土层中。在年周期中，桃根系在早春生长较早。当土温达到5℃左右时开始生长新根，22℃生长最快。在一年内有两次生长高峰，第一次在7月中旬以前，第二次在10月上旬，当土温稳定在19℃左右时，根系进入第二次生长高峰。

桃的顶芽均为叶芽，花芽为侧芽。根据芽的着生状态可分为单芽和复芽。复芽是桃品种的丰产性状。桃的叶芽具有早熟性，当年形成的芽当年能够萌发，生长旺盛的枝条一年可萌发二次枝或三次枝，甚至可抽生四次枝。桃的萌芽力和成枝力强，只有少数芽不能萌发形成潜伏芽。桃的潜伏芽寿命短，不易更新。

桃的营养枝分为发育枝（60cm左右），其上多叶芽，有少量花芽，有二次枝，一般着生在树冠外围，主要功能是形成树冠的骨架；徒长枝（80cm以上，粗2cm左右），由多年生枝上的潜伏芽萌发而成，多发生在树冠内膛；叶丛枝（约1cm），只有一个顶生叶芽，多发生在弱枝上，当营养条件和光照条件好转时，也可发生壮枝，用作更新。

桃的结果枝根据其形态和长度可分为徒长枝、长果枝、中果枝、短果枝和花束状果枝。徒长性果枝长60cm以上，先端有少量二次枝，枝上有花芽，一般花芽质量较差，坐果率低；长果枝长30～60cm，一般不发生二次枝，复花芽多，生长充实，坐果率高，是南方桃品种的主要结果枝。长果枝在结果的同时还能抽生健壮的新梢，形成次年的结果枝；中果枝长15～30cm，单芽、复芽混生，结果后还能抽生中、短果枝，具有连续结果能力；短果枝长5～15cm，单芽多，复芽少，在营养良好时能正常结果，多数短果枝坐果率低，更新能力差，结果后易衰弱甚至枯死；花束状果枝长5cm以下，极短，多单芽，只有顶芽是叶芽，其侧芽均为花芽，结果能力差，易于衰亡。

思考与训练

1. 简述桃的建园技术。

2. 调查当地桃园的土、肥、水管理技术。

3. 到当地桃园进行冬季修剪实习，写出实习报告。

4. 参加桃树夏剪实践，写出夏剪技术包括哪些内容，如何操作。

第三节　桃主要病虫害防治

任务描述

危害桃的害虫有230多种，害虫种类多，发生普遍，为害严重，其中不少种类可以危害多种寄主。为害较重的有桃蛀螟、桃蚜虫、桃小食心虫和梨小食心虫，以及红蜘蛛和桑白蚧等。危害桃的病害有50多种，其中细菌性穿孔病发生最普遍，为害也较严重。流胶病在有些果园发生严重。

本次任务学习桃细菌性穿孔病、流胶病、桃蚜和桑白蚧的识别、发生规律及防治方法。

一、桃树病害

（一）桃细菌性穿孔病

桃细菌性穿孔病为桃树主要病害之一，全国各地均有发生。除为害桃树外，还为害杏、李和樱桃等。

图 3-9　桃细菌性穿孔病

1. 症状

该病主要为害叶片，也能侵害果实和枝梢。叶片发病时，初在叶背面产生淡褐色水渍状小点，后扩大成紫褐色或黑褐色圆形或不规则形病斑，直径为 2mm 左右，病斑周围有绿色晕环。之后，病斑干枯，病健组织交界处发生 1 圈裂纹，病斑脱落后形成穿孔（图 3-9）。

2. 防治方法

（1）加强果园管理。冬季结合修剪彻底清除枯枝、落叶和落果等集中烧毁，消灭越冬菌源。合理修剪，使果园通风透光良好，降低果园湿度。

（2）避免与杏、李等核果类果树混栽。杏和李细菌性穿孔病的染病性很强，往往成为果园内的发病中心而传染给周围桃树。

（3）药剂防治。果树萌芽前喷波美度 3°～5°石硫合剂，以杀灭越冬的病菌，5～6 月喷洒 65％的代森锌可湿性粉剂 500 倍液 1～2 次。

（二）桃树流胶病

桃树流胶病（图 3-10），包括非侵染性和侵染性两种。前者在各桃产区均有发生，是一种常见的生理病害；后者为真菌侵染所致，是桃树枝干的一种重要病害，造成树体早衰，大量减产，已成为当前生产上的重要问题。

1. 非侵染性流胶病

（1）症状：主要为害主干、主枝，严重时小枝条也可以受害。主干和主枝受害初期，病部稍

图 3-10　桃流胶病

肿胀。早春树液开始流动时，从患处流出半透明乳白色的树脂，尤其雨后流胶现象更为严重。流出的树脂凝结后变为红褐色，呈胶冻状，干燥后则成为坚硬的琥珀胶块。病部皮层和木质变褐、腐朽。因此，造成树势衰弱，叶片变黄而且细小。发病严重时，枝干枯死。

（2）防治方法：①加强栽培管理，增强树势，注意果园排水，增施有机肥料，改良土壤，合理修剪，减少枝干伤口。②防治蛀食枝干的害虫，预防虫伤。③冬春枝干涂白，预防冻害和日灼。④早春将病部刮除，伤口涂波美度 5°石硫合剂。

2. 侵染性流胶病

（1）症状：主要为害枝干。在一年生嫩枝上发病时，最初以皮孔为中心产生小突起，以后形成直径 1～4mm 的瘤状突起物，当年不流胶，到翌年 5 月上旬，瘤皮开裂，溢出树脂，初为无色半透明稀薄而有黏性的软胶，不久转为茶褐色，质地变硬呈结晶状，吸水以后膨胀，成为陈状胶体。枝条表皮粗糙变黑，并以瘤为中心逐渐下陷，形成直径 4～10mm 的圆形或不规则的病斑，其上散生小黑点。多年生枝干受害后呈现 1～2cm 的"水泡状"隆起。病菌在枝干表皮内为害，最深可达木质部，受害处变褐、坏死，枝干上病斑多时，则大量流胶，致使枝干枯死，桃树早衰。

（2）防治方法。①喷药保护树体，药剂有石硫合剂（萌芽前用）、托布津、代森锌等。②剪除被害枝梢，清除越冬菌源。

二、桃树虫害

（一）桃蚜（桃赤蚜）

1. 发生规律

图 3-11　桃蚜为害状

此虫主要为害桃叶，还为害李、樱桃、烟草、白菜等多种果树、蔬菜及大田作物。在我国北方桃产区 1 年发生 10 余代，以卵在桃树枝梢芽腋、树皮裂缝和小枝杈等处越冬。桃蚜属迁移性害虫，桃树为越冬寄主。于早春桃芽萌动时越冬卵开始孵化，若虫为害桃树的嫩芽，展叶后群体集中背面为害，吸食叶片汁液。被害叶不能伸展，扭卷

成团，严重时造成落叶，削弱树势（图 3-11）。3 月中旬开始孤雌胎生繁殖，5 月间产生有翅蚜，并迁飞到越夏寄主如烟草、甘蓝上繁殖为害。8 或 9 月又大量产生有翅蚜迁飞到白菜等蔬菜上繁殖为害，到 10 月后产生有翅性母迁返桃树，由性母产生有性蚜，有性蚜交尾后，在桃树上产卵越冬。

2. 防治方法

（1）于春季桃树开花前，越冬卵全部孵出，若蚜集中叶上为害，但尚未卷叶之前喷药。目前药剂有吡虫啉、齐螨素、菊酯类。

（2）在桃树落花后至初夏和秋季桃蚜迁回桃树时也可以喷药进行防治。

（3）保护利用天敌，如瓢虫、草蛉、食蚜蝇等对桃蚜都有很好的控制作用。

图 3-12　桑白蚧为害桃枝状

（二）桑白蚧

1. 发生规律

此虫主要为害桃树枝干，还为害李、杏、苹果、梨、葡萄、柿等果树。在我国北方桃产区一年发生两代，以受精雌成虫在树体上越冬。翌年桃树萌动后，越冬雌成虫开始吸食枝条汁液，4 月下旬产卵于介壳下。每雌产卵 40～400 粒。5 月中旬出现第一代若虫，若虫爬行在母体附近的枝干上吸食汁液，固定后分泌白色蜡粉，形成介壳（图 3-12）。6 月中下旬出现第一代成虫，7 月上旬产第二代卵，7 月中下旬出现第二代若虫，继续分散为害。9 月出现第二代成虫。雌、雄成虫交尾后，雄虫死去，留下受精的雌成虫在枝条上越冬。桃树枝干受此虫为害严重时造成干枯，树势衰弱，甚至整树死亡。

2. 防治方法

（1）冬季人工刮除枝条上的越冬虫体。

（2）早春桃树发芽以前喷波美度 3°～5°石硫合剂或 5％柴油乳剂。

（3）若虫孵化期喷药防治。所用药剂有波美度 0.3°石硫合剂、10％吡虫啉可湿性粉剂 4000～5000 倍液等。

（4）黑缘红瓢虫是主要天敌，应注意保护和利用。

（三）山楂红蜘蛛

1. 发生规律

一年发生 6～7 代。以受精雌成虫在树干、主枝和侧枝的粗皮缝隙及树干附近的土缝内越冬。越冬成虫多在 4 月上旬花芽膨大时开始出蛰活动。前期多集中在树内膛的小枝、花、叶丛间等幼嫩组织处进行为害，随后在叶背等处吐丝结网产卵。高温干旱为害严重，防治不及时造成落叶。

2. 防治方法

（1）萌芽前全树喷波美度 3°～5°石硫合剂，消灭越冬虫源。

（2）麦收前树上及时喷布杀螨剂进行防治，7～8 月根据发生情况及时喷药防治，注意叶背面均匀着药。

（四）桃蛀螟

国内分布普遍，是一种重要的果实害虫。长江流域有"十桃九蛀"的说法，就是指的桃蛀螟。为害桃果，造成流胶，蛀孔周围及果内堆积有红褐色虫粪或使桃变色脱落。

1. 形态特征

（1）成虫：体长12mm左右，翅展20～26mm，全体呈橙黄色。胸部、腹部及翅上都具有黑色斑点，前翅黑斑有25～26个，后翅约有10个黑斑（图3-13）。

（2）卵：呈椭圆形，长0.6～0.7mm，宽约0.5mm，初产时呈乳白色，以后渐变为红褐色。

（3）幼虫：老熟幼虫体长22～25mm，体色颇多变化，有淡灰褐色及淡灰蓝色等，体背面具紫红色色彩（图3-14）。

图3-13 桃蛀螟成虫　　　　图3-14 桃蛀螟幼虫及其为害的桃果

（4）蛹：长13mm，呈褐色至深褐色，腹部末端有6根卷曲的臀刺。

2. 发生规律

在我国北方各省一年发生2～3代，以老熟幼虫在果树翘皮裂缝里、树洞里、土缝及作物茎秆内、向日葵的花盘内等处越冬。它蛀食桃果，造成流胶，使果内充满虫粪或使桃变色脱落。

3. 防治方法

（1）桃园内不可间作玉米、高粱、向日葵等作物，减少虫源。

（2）人工防治：秋季采果前于树干绑草，诱集越冬幼虫，到早春集中烧毁；冬季清除玉米、高粱、向日葵等茎秆和花盘；刮除老翘皮以消灭越冬幼虫；果实套袋；及时摘除虫果，拾净虫蛀果，同时注意对果园周围其他寄主进行全面防治。

（3）诱杀成虫：成虫发生期用黑光灯或糖醋液诱杀成虫。

（4）药剂防治：在成虫发生期和产卵盛期及时喷药，可用10%吡虫啉4000～6000倍液或20%的除虫脲4000～6000倍稀释喷雾防治。

思考与训练

1. 桃细菌性穿着孔病的症状是怎样的？如何防治？

2. 叙述桃流胶病的症状及发病规律、防治方法。

3. 简述桃蚜的为害状及防治方法。

4. 简述桃蛀螟的为害状识别、发生规律及防治方法。

5. 如何识别桑白蚧的为害状？怎样防治桑白蚧？

6. 根据当地桃园病虫害发生及防治情况，制定桃的病虫害防治历。

参考文献

[1] 杨丰年. 新编枣树栽培与病虫害防治 [M]. 北京：中国农业出版社，1996.

[2] 任国兰. 枣树病虫害防治 [M]. 北京：金盾出版社，2004.

[3] 陈贻金，等. 枣树病虫及其防治 [M]. 北京：中国科学技术出版社，1993.

[4] 王继贵. 枣树栽培歌谣图释 [M]. 北京：中国科学技术出版社，2007.

[5] 冯玉增，宋梅亭. 枣病虫害诊断原色图谱 [M]. 北京：科学技术文献出版社.

[6] 吴秋芳，路志芳. 无公害枣树病虫害防治技术 [J]. 农业科技通讯，2009，(7)：194-198.

[7] 于泽源. 果树栽培 [M]. 北京：中国农业出版社.2005.

[8] 孔祥戬. 果树栽培技术 [M]. 北京：北京师范大学出版社，2011.

[9] 郗荣庭. 果树栽培学总论（第3版）[M]. 北京：中国农业出版社，1980.

[10] 周俊义，刘孟军. 枣优良品种及无公害栽培技术 [M]. 北京：中国农业出版社，2007.

[11] 汪晶，李锋. 林果生产技术（北方本）[M]. 北京：高等教育出版社，2002.

[12] 高英英，郭建和，张彬. 枣树全光照连续喷雾嫩枝扦插育苗技术 [J]. 落叶果树，2009，(05)：32-33.

[13] 郭裕新，单公华. 枣品种金丝新4号的栽培管理 [J]. 中国果树，2011，(01).

[14] 牛步莲. 枣粱间作模式及配套技术 [J]. 山西果树，2000，(04)：24-25.

[15] 韩金德. 优质冬枣的栽培管理技术烟台果树 [J]. 2011，(04)：39-41.

[16] 马强，李玉梅. 六月鲜枣日光温室栽培技术 [M]. 河北果树，2007，(01)：27-28.

[17] 周正群，等. 冬枣生产关键技术百问百答 [M]. 北京：中国农业出版社，2005.

[18] 蔡红梅，张治刚. 金丝小枣烘干房的研建与应用 [J] 落叶果树，2011，(01)：29-02.

[19] 卢桂宾. 枣优质丰产栽培实用技术 [M]. 北京：中国林业出版社，2011.

[20] 张玉星. 果树栽培学各论 [M]. 北京：中国林业出版社，2008.

[21] 曹克强. 果树病虫害防治技术 [M]. 北京：金盾出版社，2009.